# DIVISÃO INTEIRA E DECIMAL

## Um guia completo para a habilidade plena com divisões

Fernando Francisco

2023

# INTRODUÇÃO

Em certa ocasião eu fiz uma breve pesquisa com meus alunos do ensino médio com diversas questões. Dentre estas questões, havia uma pergunta aberta cujo teor era: "Qual o assunto de Matemática que você não se sente totalmente seguro, mas que, se tivesse oportunidade, gostaria muito de dominar?". Surpreendi-me com a resposta que mais se repetiu: divisão.

Desde então, eu fiz questão de demonstrar, em sala de aula, como se resolvia "no braço" as questões. Sim, porque, apesar dos celulares e computadores de hoje resolverem quase tudo, no mundo das provas e dos concursos ainda é cobrado que o candidato saiba solucionar problemas que envolvem, inclusive, operações matemáticas, como, especialmente, a divisão. De fato, saber dividir não é trivial, e caso você resolva adotar este livro, certamente irá concluir isto também. Mas, se não é tão fácil, então exige algum esforço, logo, resolver questões com divisão reforça bastante a nossa habilidade mental de manipular essas belezuras que são os números.

Este livro é para quem deseja suar, no sentido mental da palavra. Aqui preparamos um roteiro de atividades em um nível crescente de dificuldade. Ao final deste material, o objetivo é que você se sinta totalmente seguro para enfrentar qualquer divisão, inclusive as cabeludas. Então, se você sente alguma insegurança ao se deparar, na ponta do lápis, com uma conta de dividir, se tem medo daqueles zeros que nunca se sabe ao certo quando temos de inserir no meio, se tem trauma de realizar divisões entre números decimais, então este material foi feito para você.

Ocorre o seguinte: às vezes, na vida, a gente é obrigado a passar de fase, mas deixando pelo caminho algo que não ficou bem resolvido. Se a operação de divisão é, para você, um destes casos, não tenha receio, pegue este livrinho e devore-o!

Quando a pessoa não domina bem como fazer uma divisão, fica totalmente insegura ao tentar realizar algumas provas e concursos. Porque dentro das questões, além de saber o conteúdo propriamente dito, ou seja, saber interpretar e saber como resolver, caso você erre um passo dentro da conta de multiplicar ou de dividir, todo o trabalho de estudo foi em vão. Portanto, este material vai sim ajudar você a se preparar para concursos públicos em que seja cobrada a disciplina de Matemática.

Além disto, temos a questão da prática numérica. Se você for para uma prova com um bom conhecimento mas, digamos, frio em relação às operações de divisão que vão provavelmente cair na parte de Matemática, você pode perder muito tempo ou até escorregar em alguma questão que, na maioria das vezes, é até das mais fáceis.

O foco deste livro é fornecer um material objetivo para o aprendizado de divisão. Certamente você já viu este assunto em diversos anos. Se você não tem nenhum problema no quesito de resolver operações de divisão, então este livro não é para você. Mas se você deseja ficar afiado neste assunto, pegue este livrinho e siga até o final. Não irá se arrepender.

A questão do material também é importante. Este livro oferece exercícios aos montes para que você fique totalmente seguro em relação à divisão. Destaco isto porque não adianta você receber uma explicação linda e maravilhosa de como deve ser feito o processo de divisão se não tiver oportunidade de praticar. Detalhe: neste material, todas as respostas dos exercícios constam na sequência do próprio exercício. Assim, você vai poder confirmar de imediato se resolveu correto ou não. Caso erre um exercício, tente novamente e se persistir o erro, tente outras questões para depois retornar àquela questão desafiadora.

Sugerimos fortemente ao leitor que use, ao seu lado, um caderno, um rascunho qualquer, para rabiscar contas e conferir a abordagem do livro. Se quiser usar uma calculadora para confirmar as contas, também é aceitável, desde que você resolva os exercícios à mão, com suas próprias habilidades humanas.

Não se iluda o leitor com o começo tão básico do livro, no capítulo 1. Não poderia ser diferente, temos de começar do que é mais básico e mais simples. Entretanto, nos capítulos seguintes serão apresentadas divisões inteiras com divisores de mais de um algarismo, divisões inteiras e decimais, divisões envolvendo dividendos e divisores decimais. A viagem é longa e razoavelmente profunda.

Gostaria de destacar aqui um outro livro meu que você encontra na Amazon: Tabuada para quem odeia decorar! Neste livro nós tratamos da tabuada de multiplicar propriamente dita. Indico este livro de exercícios de tabuada porque, afinal, não temos como aprender a dividir se não soubermos a tabuada de multiplicar. Não dá! Portanto, se você não domina ainda a tabuada, fica a recomendação.

Bem... é isso! Agora é com você!

# CAPÍTULO 1

*O mais importante que você precisa saber!*

Às vezes a pessoa ainda não se sente segura com relação à operação de dividir. Se este é o seu caso, após este capítulo, você nunca mais se sentirá assim.

Uma ideia inicial é imaginarmos a divisão como uma operação inversa da multiplicação. Esta ideia está correta, mas apenas em parte. Veja só, sabemos que $3 \times 4 = 12$, logo podemos dizer que $12 \div 4 = 3$. Na multiplicação, temos uma dedução direta: $3 \times 4$ nos leva a 12. É algo mais confortável, não é? Já a divisão é um pouco mais misteriosa. Quando escrevemos $12 \div 4$ temos na verdade uma investigação a fazer. Temos de nos perguntar: qual o número que, quando multiplicado por 4, nos dá 12? Aí, roda uma busca mental que vai nos levar ao resultado, 3. Dizemos então que

$$12 \div 4 = 3 \text{ porque } 3 \times 4 = 12$$

Isto é belo e maravilhoso, mas, em relação à divisão, não é apenas isto. Quando estamos dividindo estamos no universo dos números naturais, ou seja, dos números 0, 1, 2, 3, 4, 5, 6, ... Quando multiplicamos dois números naturais, o resultado sempre é possível e imediato. No caso da divisão, isto muda: um número natural dividido por outro nem sempre nos dá um resultado exato. Por exemplo, vamos resolver a seguinte divisão: 13 ÷ 4. Perguntamo-nos então, qual o número que multiplicado por 4 nos leva a 13? A resposta é nenhum especificamente. Mas isto significa que esta divisão é impossível? Aí, depende das regras do jogo. Esta divisão é possível porque, na divisão, aparece a figura do resto. Então, diferente da multiplicação, que é dedutiva e direta, a divisão nos leva realmente a uma análise mais acurada para encontrarmos o resultado correto. No caso do nosso exemplo, 13 ÷ 4, não temos de encontrar o número inteiro que multiplicado por 4 nos dá 13, até porque este número inteiro não existe (3 x 4 = 12 e 4 x 4 = 16). Nossa investigação será, então, encontrarmos o número inteiro que, ao ser multiplicado por 4, nos leva ao número mais aproximado possível de 13, sem ultrapassá-lo. Podemos notar que este número é 3, pois 3 x 4 = 12 e 12 para chegar a 13 fica faltando apenas 1 (13 – 12 = 1). Este 1 chamamos de resto da divisão.

Caso testássemos outros números, encontraríamos problemas. Por exemplo, 2 x 4 = 8 que está mais distante de 13 do que 12, logo 2 não serve. Por outro lado, 4 x 4 = 16 que passa de 13, logo 4 também não serve.

Agora podemos concluir uma diferença básica entre a divisão e a multiplicação: A divisão envolve qualquer par de números inteiros, pois, quando não é exata, aparecerá o nosso amigo resto. Assim, no universo das multiplicações de números inteiros, não existe um número que multiplicado por 4 nos leve a 13, mas, por outro lado, no universo da divisão inteira, ao dividirmos 13 por 4 chegamos a 3 com resto igual a 1.

Para evidenciar isto, lembramos que, na multiplicação, temos apenas três personagens: multiplicador x multiplicando = produto. Já na divisão, temos quatro personagens: dividendo = divisor x quociente + resto.

Quer saber uma outra diferença importante entre multiplicação e divisão? A multiplicação é comutativa, ou seja, 3 x 4 = 4 x 3. Já com a divisão, isto não acontece 3 ÷ 4 ≠ 4 ÷ 3. Portanto, estamos prestes a adentrar num universo diferente!

Chegou o momento de dar nome aos bois! Veja este exemplo:

Em 3 x 4 = 12 temos

3 é o multiplicador

4 é o multiplicando e

12 é o produto.

Saber quem é o multiplicando e o multiplicador é importante? Não!

Em 13 ÷ 4 = 3 com resto igual a 1 temos:

13 é o dividendo

4 é o divisor

3 é o quociente

1 é o resto

No contexto da divisão, é importante saber quem é quem.

Agora, uma pegadinha: Para sabermos se uma divisão está correta é suficiente verificarmos que dividendo = quociente x divisor + resto, correto? Resposta: não. Se apenas isto fosse suficiente poderíamos afirmar que 13 ÷ 4 = 2 com resto igual a 5. Veja que a conta bate: 13 = 2 x 4 + 5. Onde está o erro então? Na divisão não é suficiente apenas que quociente x divisor + resto seja igual ao dividendo. Temos uma segunda verificação necessária: o resto tem de ser menor que o divisor. Logo, em 13 ÷ 4, o resto não pode ser nenhum número igual a 4 ou maior que ele, portanto não pode ser 5.

A esta altura, podemos classificar a divisão em dois tipos: divisão exata e divisão não exata. Na divisão exata, o resto é igual a zero, como em 12 ÷ 4 = 3. Já na divisão não exata, temos um resto maior que zero, como em 13 ÷ 4 = 3 com resto igual a 1.

Podemos então sintetizar a operação de divisão assim: Na divisão temos inicialmente dois números, o primeiro é chamado de dividendo, e o segundo é chamado de divisor. Dizemos que o resultado de uma divisão é um número chamado de quociente, que pode ou não vir acompanhado de um quarto número chamado de resto. Então dividir um dividendo por um divisor é encontrar quociente e resto que respeitem as seguintes regras:

- Dividendo = quociente x divisor + resto e
- Resto é menor que divisor

Veja então estes diversos exemplos:

6 ÷ 3 = 2 porque 2 x 3 = 6 com resto igual a zero

7 ÷ 3 = 2 porque 2 x 3 = 6 com resto igual a 1

8 ÷ 3 = 2 porque 2 x 3 = 6 com resto igual a 2

9 ÷ 3 = 3 porque 3 x 3 = 9 com resto igual a zero

10 ÷ 3 = 3 porque 3 x 3 = 9 com resto igual a 1

Neste momento é chegada a hora de um anúncio muito importante: o quociente de uma divisão pode ser zero. Este ponto pode causar alguma confusão, mas se você pensar bem, a regra anunciada não mudou. Observe o exemplo a seguir: quanto seria 2 ÷ 3?

Às vezes nosso professor pode ter nos confundido afirmando que 2 dividido por 3 não pode, ou que é impossível. Mas, se considerarmos as regrinhas que já apresentamos aqui, a resposta é que 2 ÷ 3 dá zero com resto igual a 2. Fica assim:

2 ÷ 3 = 0 porque 0 x 3 = 0 com resto igual a 2.

Perceba que a conta fecha: 0 x 3 + 2 = 2

Note também que, se formos investigar, não acharemos mais nenhum candidato possível. Por exemplo, vamos testar o 1. Temos então que 1 x 3 = 3 e 3 é maior que 2 (está fora!).

Portanto, em termos de divisão inteira, quando o dividendo é menor que o divisor não é que seja impossível! A resposta sempre será zero. Compreender este ponto será essencial para que você não erre uma divisão daquelas mais difíceis.

Então vamos a alguns exemplos:

$1 \div 2 = 0$ porque $0 \times 2 = 0$ com resto igual a 1

$5 \div 7 = 0$ porque $0 \times 7 = 0$ com resto igual a 5

$3 \div 4 = 0$ porque $0 \times 4 = 0$ com resto igual a 3

$7 \div 9 = 0$ porque $0 \times 9 = 0$ com resto igual a 7

Não poderia deixar, neste momento, de lembrar um fato muito importante em matemática: o divisor nunca poderá ser igual a zero. Isto será bastante explorado em diversos momentos distintos no estudo de matemática. Mas deduzir isto não é difícil. Veja só: imagine tentar fazer $2 \div 0$. Temos de procurar um número que, quando multiplicado por zero nos leve a 2 ou a um número mais aproximado de 2. Entretanto, qualquer número multiplicado por zero nos dá zero, e ao procurarmos estabelecer o resto, este será igual a 2, quebrando assim aquela regra que diz que o resto não pode ser nem igual nem maior que o dividor. Portanto, se o dividor é 0, o resto não pode ser 2. Logo, dividir um número qualquer diferente de zero por zero é impossível! Desta forma, a divisão por zero está excluída do nosso universo (é impossível).

Uma outra questão inevitável, logo em seguida à questão anterior, é discutir sobre o resultado de $0 \div 0$. Desta vez, qualquer número serve, e o resto seria zero (divisão exata). Desta forma, 0 ÷ 0 é uma divisão exata indeterminada: qualquer número serve. Por este motivo, deixamos esta possibilidade de fora do estudo da divisão.

Por fim, não poderia deixar de lembrar que se o dividendo for zero e o divisor não, não temos nada de novo! É tranquilo: o quociente é zero e o resto também! Por exemplo: 0 ÷ 2 = 0 com resto 0. Se você compreender o porque destas coisinhas, nunca mais se sentirá inseguro.

Passemos então a mostrar a notação que é usada no Brasil

Para realizarmos divisões, na prática, utilizamos uma notação própria. Vejamos como resolvemos a divisão 12 ÷ 4. Iniciamos escrevendo assim:

Temos que o 12 é o dividendo e o 4 é o divisor. Agora procuramos o nosso quociente, ou seja, o número que multiplicado por 4 nos leva a 12 ou ao número inteiro mais próximo de 12, sem ultrapassá-lo. Fazemos assim:

$$12 \underline{|4|} \qquad 2 \times 4 = 8$$
$$3 \times 4 = 12$$

Percebeu que escrevemos ao lado algumas multiplicações? É que a divisão não é como a multiplicação, que é deduzida. Na divisão, procuramos por tentativa e erro cada quociente. No caso, encontramos o nosso quociente, que é 3. Vamos então escrevê-lo.

$$12 \underline{|4|} \qquad 2 \times 4 = 8$$
$$3 \qquad 3 \times 4 = 12$$

Agora vamos apurar o nosso resto. Multiplicamos 3 x 4 e colocamos o resultado para fazer a subtração.

$$\begin{array}{r} 12 \\ -12 \\ \hline 0 \end{array} \underline{|4|} \qquad \begin{array}{l} 2 \times 4 = 8 \\ 3 \times 4 = 12 \end{array}$$

Pronto, encontramos então que o resto da divisão é igual a 0.

Agora vamos reescrever alguns dos exemplos apresentados aqui nesta notação prática, apenas para reforçar o que até agora foi apresentado.

13 ÷ 4 fica assim:

$$
\begin{array}{r|l}
13 & 4 \\
-12 & 3 \\
\hline
1 &
\end{array}
$$

7 ÷ 3 fica assim:

$$
\begin{array}{r|l}
7 & 3 \\
-6 & 2 \\
\hline
1 &
\end{array}
$$

E o enigmático 5 ÷ 7 fica assim:

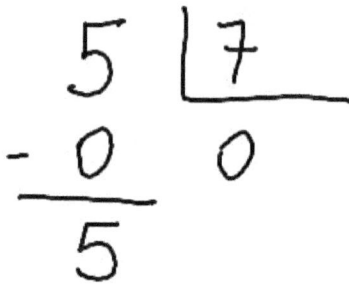

Antes dos exercícios deste capítulo, vamos apresentar a seguinte divisão, a título de exemplo ilustrativo. Vamos resolver $37 \div 5$, passo a passo.

Começando...

$$3\ 7\ \lfloor 5$$

Vamos então procurar o nosso quociente na tabuada de 5.

$$3\ 7\ \lfloor 5$$

$5 \times 5 = 25$

$5 \times 6 = 30$

$5 \times 7 = 35$

$5 \times 8 = 40$

Perceba que o nosso quociente é 7, pois o 35 é o

que mais se aproxima de 37. Então continuamos, escrevendo o quociente e preparando a subtração para acharmos o resto.

$$37 \lfloor \underline{5}$$
$$-35 \quad 7$$

$$5 \times 5 = 25$$
$$5 \times 6 = 30$$
$$5 \times 7 = 35$$
$$5 \times 8 = 40$$

Subtraímos 37 – 35 e chegamos ao resto. Pronto, concluímos nossa divisão.

$$37 \lfloor \underline{5}$$
$$-35 \quad 7$$
$$\quad 2$$

$$5 \times 5 = 25$$
$$5 \times 6 = 30$$
$$5 \times 7 = 35$$
$$5 \times 8 = 40$$

## Exercícios

1. Encontre o quociente e o resto das seguintes divisões:

a) 11 ÷ 5

b) 3 ÷ 4

c) 11 ÷ 3

d) 39 ÷ 5

e) 14 ÷ 5

f) 8 ÷ 2

g) 9 ÷ 2

h) 7 ÷ 1

i) 3 ÷ 2

j) 46 ÷ 5

k) 4 ÷ 1

l) 5 ÷ 3

*Respostas:*

*a) 2 com resto 1*

*b) 0 com resto 3*

*c) 3 com resto 2*

*d) 7 com resto 4*

*e) 2 com resto 4*

*f) 4 com resto 0*

*g) 4 com resto 1*

*h) 7 com resto 0*

*i) 1 com resto 1*

*j) 9 com resto 1*

*k) 4 com resto 0*

*l) 1 com resto 2*

2. Encontre o quociente e o resto das divisões:

a) 44 ÷ 5

b) 16 ÷ 2

c) 3 ÷ 4

d) 13 ÷ 4

e) 16 ÷ 2

f) 6 ÷ 2

g) 0 ÷ 2

h) 25 ÷ 5

i) 7 ÷ 2

j) 11 ÷ 4

k) 26 ÷ 6

l) 24 ÷ 3

*Respostas:*

*a) 8 com resto 4*

*b) 8 com resto 0*

*c) 0 com resto 3*

*d) 3 com resto 1*

*e) 8 com resto 0*

*f) 3 com resto 0*

*g) 0 com resto 0*

*h) 5 com resto 0*

*i) 3 com resto 1*

*j) 2 com resto 3*

*k) 4 com resto 2*

*l) 8 com resto 0*

3. Continue encontrando quociente e resto das divisões:

a) 50 ÷ 6

b) 5 ÷ 7

c) 38 ÷ 7

d) 11 ÷ 3

e) 36 ÷ 6

f) 48 ÷ 5

g) 23 ÷ 5

h) 37 ÷ 8

i) 37 ÷ 4

j) 25 ÷ 3

k) 38 ÷ 5

l) 28 ÷ 3

*Respostas:*

*a) 8 com resto 2*

*b) 0 com resto 5*

*c) 5 com resto 3*

*d) 3 com resto 2*

*e) 6 com resto 0*

*f) 9 com resto 3*

*g) 4 com resto 3*

*h) 4 com resto 5*

*i) 9 com resto 1*

*j) 8 com resto 1*

*k) 7 com resto 3*

*l) 9 com resto 1*

4. Encontre o quociente e o resto das divisões:

a) 47 ÷ 7

b) 44 ÷ 6

c) 3 ÷ 5

d) 52 ÷ 6

e) 31 ÷ 5

f) 10 ÷ 5

g) 33 ÷ 4

h) 50 ÷ 7

i) 40 ÷ 5

j) 7 ÷ 5

k) 29 ÷ 5

l) 40 ÷ 5

*Respostas:*

*a) 6 com resto 5*

*b) 7 com resto 2*

*c) 0 com resto 3*

*d) 8 com resto 4*

*e) 6 com resto 1*

*f) 2 com resto 0*

*g) 8 com resto 1*

*h) 7 com resto 1*

*i) 8 com resto 0*

*j) 1 com resto 2*

*k) 5 com resto 4*

*l) 8 com resto 0*

5. Mantenha-se firme e resolva mais estas:

a) 49 ÷ 8

b) 35 ÷ 7

c) 45 ÷ 9

d) 35 ÷ 7

e) 25 ÷ 5

f) 47 ÷ 5

g) 33 ÷ 5

h) 70 ÷ 8

i) 52 ÷ 7

j) 48 ÷ 5

k) 57 ÷ 9

l) 35 ÷ 6

*Respostas:*

*a) 6 com resto 1*

*b) 5 com resto 0*

*c) 5 com resto 0*

*d) 5 com resto 0*

*e) 5 com resto 0*

*f) 9 com resto 2*

*g) 6 com resto 3*

*h) 8 com resto 6*

*i) 7 com resto 3*

*j) 9 com resto 3*

*k) 6 com resto 3*

*l) 5 com resto 5*

# CAPÍTULO 2

*A revolta dos dividendos!*

Você já possui todas as ferramentas para realizar qualquer divisão. Mas é preciso treinar, e é isto que vamos fazer nos próximos capítulos.

Neste capítulo iremos esticar os divisores. Antes de prosseguirmos, é importante dois lembretes sobre divisão:

1. O processo de encontrar o quociente de cada divisão ocorre por tentativa e erro. O fato de não encontrarmos o quociente na primeira tentativa não significa nada. Com a prática, a tendência é sermos mais assertivos.
2. Reforçamos que, sempre que um dividendo é menor que o divisor, o quociente é igual a zero e o resto será igual ao próprio dividendo. Sabendo deste detalhe, você não irá errar as

divisões mais difíceis.

Agora, vamos nos lembrar da estrutura dos números inteiros. Uma das maiores sacadas da humanidade foi criar a possibilidade de escrever qualquer quantidade com apenas dez símbolos: 0, 1, 2, 3, 4, 5, 6, 7, 8, 9, que chamamos de algarismos. Como isso foi possível? Através do valor posicional de cada algarismo dentro de um número. Assim, no número 35, o algarismo 3 refere-se a 3 dezenas e o algarismo 5 refere-se a 5 unidades. Na verdade, o número 35 representa a seguinte soma 30 + 5 ou 3 x 10 + 5.

Vamos usar o número 5.826.913.074 para mostrar os valores posicionais.

Da direita para a esquerda temos:

4 unidades

7 dezenas

0 centena

3 unidades de milhar

1 dezena de milhar

9 centenas de milhar

6 unidades de milhão

2 dezenas de milhão

8 centenas de milhão

5 unidades de bilhão

Desta forma, o número 279 corresponde a 200 + 70 + 9 ou a duas centenas mais 7 dezenas mais 9 unidades. Podemos escrevê-lo assim: 279 = 2 x 100 + 7 x 10 + 9

Uma habilidade interessante que usamos na divisão é realizar composições com estas casas. Por exemplo: quantas dezenas temos no número 279? Inicialmente é certo que temos 7 dezenas, mas se contarmos com as 2 centenas podemos dizer que temos 27 dezenas, afinal, 2 centenas são 20 dezenas.

Outros exemplos:

1. No número 1,480 temos 14 centenas
2. No número 647 temos 64 dezenas
3. No número 548.237 temos 548 unidades de milhar.

Ou seja, em cada exemplo, pegamos do algarismo para a esquerda e formamos uma quantidade de dezenas, centenas etc.

Já podemos começar com o assunto deste capítulo propriamente dito. Vamos discutir a seguinte divisão: 87 ÷ 3. Usando nossa notação começamos assim:

$$87 \quad \underline{\lfloor 3 \rfloor}$$

Note que o número 87 corresponde a 8 dezenas e 7 unidades. Para não ficarmos procurando um número que multiplicado por 3 se aproxime ao máximo de 87, o que fazemos é começar a nossa divisão apenas com a quantidade de dezenas, no caso, o 8. É interessante marcarmos a casa em que estamos trabalhando para não nos perdermos. Logo, não começamos dividindo o número todo 87 por 3 mas apenas o 8. Teremos a seguinte situação.

$$
\begin{array}{r|l}
\overset{\scriptstyle\diagup}{8}7 & \underline{\lfloor 3 \rfloor} \\
\underline{6} & 2 \\
2 &
\end{array}
$$

Olha só o que fizemos. Marcamos o 8 para dizer que estamos trabalhando apenas as dezenas. 8 por 3 nos dá 2. 2 x 3 = 6 e 8 − 6 = 2. Chamamos isto de divisão parcial porque não estamos dividindo o número todo, apenas as dezenas. Assim, o quociente foram 2 dezenas e tivemos um resto de 2 dezenas. Mas duas dezenas são quantas unidades? São exatamente 20. Agora baixamos o 7 para juntar-se às 20 unidades restantes, formando o número 27. O 27 representa a quantidade de unidades de que dispomos para a próxima e última divisão parcial. Ao baixarmos o 7, chegamos na seguinte situação:

$$
\begin{array}{r|l}
\acute{8}7 & \underline{\;3\;} \\
\underline{6} & 2 \\
27 &
\end{array}
$$

Vamos agora dividir as 27 unidades por 3. Veja como fica:

$$
\begin{array}{r|l}
\acute{8}7 & \underline{\;3\;} \\
\underline{6} & 29 \\
27 & \\
\underline{-27} & \\
0 &
\end{array}
\qquad
\begin{aligned}
3 \times 6 &= 18 \\
3 \times 7 &= 21 \\
3 \times 8 &= 24 \\
3 \times 9 &= 27
\end{aligned}
$$

Neste exemplo, temos que o quociente será 29 e o resto é zero, portanto, temos uma divisão exata. Para provarmos que nossa divisão está correta, fazemos o processo inverso, multiplicando quociente x divisor e somando o resto. O resultado tem de ser igual ao dividendo. Neste caso, fazemos:

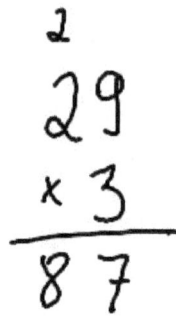

Pronto, nossa divisão está correta.

Vamos então a mais um exemplo. Vamos fazer 1.743 ÷ 5. Vou fazer esta divisão de uma forma digamos ingênua. Você perceberá isto logo no início. Vamos lá...

$$\overset{\prime}{1}\ 7\ 4\ 3\ \lfloor\underline{5\ \ \ \ \ }$$

Vamos cometer o exagero de iniciar com o 1 que mede a quantidade de unidades de milhar. Você lembra quanto dá 1 ÷ 5? A resposta é zero com resto 1, certo. Façamos isto.

$$\begin{array}{r|l} \acute{1}\,7\,4\,3 & \underline{5} \\ \underline{0} & 0 \\ 1 & \end{array}$$

Olha só o que fizemos: dividimos 1 por 5, deu zero e apuramos o resto igual a 1. Temos então 1 unidade de milhar de resto, o que corresponde a 10 centenas. Baixamos agora o 7, que representa centenas e continuamos o processo.

$$\begin{array}{r|l} \acute{1}\,\acute{7}\,4\,3 & \underline{5} \\ \underline{0} & 0 \\ 1\,7 & \end{array}$$

Temos agora 17 centenas para dividir por 5. Seguimos...

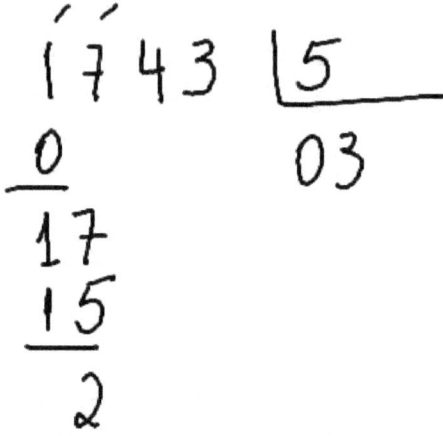

O quociente começa então por 3, e como estamos contando centenas neste momento, o quociente terá então 3 centenas. Na nossa divisão parcial, restaram 2 centenas que correspondem a 20 dezenas. Baixamos agora o 4 e formamos 24 dezenas para dividir por 5.

$$\begin{array}{r|l}
\overset{'}{1}\overset{'}{7}\overset{'}{4}3 & \underline{5} \\
\underline{0} & 034 \\
17 & \\
\underline{15} & \\
24 & \\
-\underline{20} & \\
4 &
\end{array}$$

O nosso quociente agora está em 34 dezenas. Sobraram 4 dezenas que, juntando com as 3 unidades vai dar 43 unidades. Vamos então encerrar nossa divisão inteira, dividindo as unidades que restaram.

$$\begin{array}{r|l} 1\,7\,4\,3 & \underline{5} \\ \underline{0} & 0\,3\,4\,8 \\ 1\,7 & \\ \underline{1\,5} & \\ 2\,4 & \\ -\underline{2\,0} & \\ 4\,3 & \\ \underline{4\,0} & \\ 3 & \end{array}$$

Pronto. Nosso quociente é, portanto, 348 com resto igual a 3 (divisão não exata).

Você percebeu onde estava nossa ingenuidade? Estava exatamente em começar dividindo 1 por 5, pois resultou em um zero à esquerda que, portanto, não faz diferença. Entretanto, esta atitude serviu para nos mostrar como, de fato, o processo funciona. Na prática, dizemos assim: o 1 não dá pra dividir por 3, logo vamos começar do 17, mas isto não é verdade. 1 dividido por 3 dá zero com resto 1. E conhecer este detalhe fará toda a diferença no nosso próximo exemplo.

Vamos dividir agora 616 por 3. Acompanhe nas figuras.

$$
\begin{array}{r|l}
\acute{6}16 & \underline{3} \\
-\underline{6} & 2 \\
0 &
\end{array}
$$

Começamos tomando 6 centenas e dividindo por 3, temos como resultado 2 centenas e o resto da divisão parcial é 0 centena. Vamos agora baixa o 1, ou seja, uma dezena.

$$
\begin{array}{r|l}
\acute{6}\acute{1}6 & \underline{3} \\
-\underline{6} & 2 \\
01 &
\end{array}
$$

Este é um momento importante. Note que temos agora 1 para dividir por 3. Sabe quanto dá? Dá zero com resto 1. Façamos ingenuamente...

$$
\begin{array}{r|l}
\overset{\prime\prime}{6}\overset{}{1}6 & \underline{3} \\
-6 & 20 \\
\hline
0\,1 & \\
-\,0 & \\
\hline
1 &
\end{array}
$$

Perceba que não fizemos nada de diferente. O resultado dá zero, sendo que zero vezes 3 é zero e o resto parcial é 1 dezena que corresponde a 10 unidades. Agora vamos baixar o 6, das unidades e concluir nossa divisão.

$$
\begin{array}{r|l}
\overset{'}{6}\,\overset{'}{1}\,\overset{'}{6} & \underline{3} \\
-6 & 205 \\
\hline
01 & \\
-0 & \\
\hline
16 & \\
15 & \\
\hline
1 &
\end{array}
$$

Fizemos então 16 unidades por 3 que dá 5 e extraímos o resto da divisão que é 1.

Um erro comum nas divisões ocorre justamente quando esquecemos de realizar a divisão do 1 por 3 que dá zero. Alguns costumam dizer assim: "1 por 3 não dá, então acrescenta um zero". É... pode até funcionar, mas, como vimos, 1 por 3 dá sim, a resposta é zero e o resto é 1.

Vamos a mais um exemplo, pra reforçar. Vamos desenvolver agora 9202 por 4.

$$
\begin{array}{r|l}
\overset{\text{'}}{9}\,2\,0\,2 & \underline{4} \\
-\,8 & 2 \\
\hline
1 &
\end{array}
$$

Estamos andando um pouco mais rápido. Tomamos o 9 (unidades de milhar) e dividimos por 4 que dá 2 com resto 1 (divisão parcial).

Agora vamos baixar o 2 (centenas) e formar com o 1 e realizar nova divisão parcial.

$$
\begin{array}{r|l}
\overset{\text{''}}{9}\,2\,0\,2 & \underline{4} \\
-\,8 & 2\,3 \\
\hline
1\,2 & \\
-\,1\,2 & \\
\hline
0 &
\end{array}
$$

Olha só como ficou esta divisão parcial. 12 por 4 dá 3 e o resto é zero. O que fazemos? Continuamos normalmente. Vamos baixar o zero.

$$9202 \underline{|4}$$
$$-8 \quad 23$$
$$\overline{12}$$
$$-12$$
$$\overline{00}$$

E agora, quando dá zero dividido por 4. Pode? Pode sim. A resposta é zero. Vamos seguindo...

$$9202 \underline{|4}$$
$$-8 \quad 230$$
$$\overline{12}$$
$$-12$$
$$\overline{00}$$
$$-0$$
$$\overline{0}$$

O que fazemos então? Baixamos o 2 (unidades). Fique atendo que a divisão ainda não acabou. Ainda falta processar as unidades. Então vamos fazê-lo.

$$\begin{array}{r|l} 9\,2\,0\,2 & \underline{4} \\ -8 & 230 \\ \hline 12 & \\ -12 & \\ \hline 00 & \\ -0 & \\ \hline 02 & \end{array}$$

Baixamos o 2 e vamos dividir por 4. Pode isso? Claro! 2 por 4 dá zero e o resto é 2. Então vamos fazer normalmente...

$$
\begin{array}{r|l}
\overset{\prime\prime\prime\prime}{9202} & \underline{4} \\
-8 & 2300 \\
\hline
12 & \\
-12 & \\
\hline
00 & \\
-0 & \\
\hline
02 & \\
-0 & \\
\hline
2 &
\end{array}
$$

E eis que concluímos nossa divisão. Processamos até as unidades e chegamos à conclusão que nosso quociente é 2300 e o resto é 2. Verifique a prova, fazendo 4 x 2300 + 2.

Vamos então ao nosso último exemplo deste capítulo. Vamos fazer então 12.023 ÷ 6.

$$
\begin{array}{r|l}
1\acute{2}023 & \underline{6} \\
\underline{-12} & 2 \\
0 &
\end{array}
$$

Começamos do 12 (mas podíamos começar ingenuamente do 1, como já vimos antes). Nossa primeira divisão parcial envolve as unidades de milhar, e deu uma divisão exata, ou seja, 12 por 6 dá 2 e o resto é zero. Vamos então baixar o 0 das centenas.

$$
\begin{array}{r|l}
1\acute{2}023 & \underline{6} \\
\underline{-12} & 2 \\
00 &
\end{array}
$$

Olha só que momento interessante desta divisão. Temos zero centena dividido por 6. Pode? Claro que pode. Dá 0 com resto 0. E não precisamos decorar isto, basta executar normalmente. Vamos lá...

$$\begin{array}{r|l} 1\acute{2}\acute{0}23 & \underline{6} \\ -12 & 20 \\ \hline 00 & \\ -0 & \\ \hline 0 & \end{array}$$

O que fizemos: 0 dividido por 6 dá 0, 0 x 6 = 0, logo nosso resto é 0. Agora vamos baixar o 2 (dezenas). Veja como fica.

$$\begin{array}{r|l} 1\acute{2}\acute{0}\acute{2}3 & \underline{6} \\ -12 & 20 \\ \hline 00 & \\ -0 & \\ \hline 02 & \end{array}$$

No caso, 2 dezenas dividido por 6 dá quanto? Dá zero! Logo prosseguimos assim:

```
  1 2 0 2 3 | 6
- 1 2       |‾‾‾‾‾‾
  ‾‾‾         2 0 0
    0 0
  -   0
    ‾‾‾‾
      0 2
    -   0
      ‾‾‾‾
        2
```

Agora vamos baixar as 3 unidades, que vai formar 23 unidades para dividir por 6. Vamos agora concluir nossa divisão.

```
  1 2 0 2 3 | 6
- 1 2       |‾‾‾‾‾‾
  ‾‾‾         2 0 0 3
    0 0
  -   0
    ‾‾‾‾
      0 2
    -   0
      ‾‾‾‾
        2 3
      - 1 8
        ‾‾‾
          5
```

Pronto! Nosso quociente será então 2003 e o resto da divisão inteira é igual a 5.

Apresentamos a seguir mais uma divisão, mas, desta vez, sem comentar, apenas para você acompanhar os passos.

Vamos dividir 21.144 por 7. Vamos lá?

$$
\begin{array}{r|l}
2\,1\,1\,4\,4 & \underline{7} \\
-\underline{2\ 1} & 3 \\
\hline
0 &
\end{array}
$$

Agora vamos para as centenas...

$$
\begin{array}{r|l}
2\,1\,1\,4\,4 & \underline{7} \\
-\underline{2\ 1} & 30 \\
\hline
0\,1 & \\
-\underline{0} & \\
\hline
1 &
\end{array}
$$

Dezenas agora...

$$
\begin{array}{r|l}
2\,\overset{\prime}{1}\,\overset{\prime}{1}\,\overset{\prime}{4}\,4 & \underline{7} \\
-2\ 1 & 302 \\
\hline
\quad 0\,1 \\
\quad -0 \\
\hline
\qquad 1\,4 \\
\qquad -1\ 4 \\
\hline
\qquad\quad 0
\end{array}
$$

Unidades, finalmente, concluindo a divisão.

$$
\begin{array}{r|l}
2\,\overset{\prime}{1}\,\overset{\prime}{1}\,\overset{\prime}{4}\,\overset{\prime}{4} & \underline{7} \\
-2\ 1 & 3020 \\
\hline
\quad 0\,1 \\
\quad -0 \\
\hline
\qquad 1\,4 \\
\qquad -1\ 4 \\
\hline
\qquad\quad 0\,4 \\
\qquad\quad -0 \\
\hline
\qquad\qquad 4
\end{array}
$$

Pronto! Nossa resposta é 3020 com resto igual a 4.

Analise com cuidado todo o processo e perceba cada divisão parcial funcionando.

Exercícios.

1. Resolva cada divisão com atenção!

a) 247 ÷ 2

b) 205 ÷ 2

c) 466 ÷ 2

d) 643 ÷ 3

e) 1251 ÷ 4

f) 1531 ÷ 3

g) 414 ÷ 2

h) 4003 ÷ 2

i) 6073 ÷ 3

j) 6070 ÷ 3

k) 5045 ÷ 5

l) 2023 ÷ 2

*Respostas:*

*a) 123 com resto 1*

*b) 102 com resto 1*

*c) 233 com resto 0*

*d) 214 com resto 1*

*e) 312 com resto 3*

*f) 510 com resto 1*

*g) 207 com resto 0*

*h) 2001 com resto 1*

*i) 2024 com resto 1*

*j) 2023 com resto 1*

*k) 1009 com resto 0*

*l) 1011 com resto 1*

2. Resolva as divisões com calma e atenção!

a) 469 ÷ 2

b) 1504 ÷ 3

c) 1258 ÷ 6

d) 2997 ÷ 3

e) 2188 ÷ 4

f) 1704 ÷ 2

g) 1812 ÷ 7

h) 6226 ÷ 5

i) 2021 ÷ 2

j) 10038 ÷ 5

k) 25252 ÷ 5

l) 2961 ÷ 3

*Respostas:*

*a) 234 com resto 1*

*b) 501 com resto 1*

*c) 209 com resto 4*

*d) 999 com resto 0*

*e) 547 com resto 0*

*f) 852 com resto 0*

*g) 258 com resto 6*

*h) 1245 com resto 1*

*i) 1010 com resto 1*

*j) 2007 com resto 3*

*k) 5050 com resto 2*

*l) 987 com resto 0*

3. Persista resolvendo as divisões a seguir e perceba cada divisão parcial concluída.

a) $758 \div 5$

b) $1373 \div 5$

c) $795 \div 3$

d) $625 \div 3$

e) $1806 \div 6$

f) $4502 \div 3$

g) 1312 ÷ 5

h) 5163 ÷ 7

i) 7276 ÷ 9

j) 2013 ÷ 5

k) 2269 ÷ 4

l) 4073 ÷ 6

*Respostas:*

*a) 151 com resto 3*

*b) 274 com resto 3*

*c) 265 com resto 0*

*d) 208 com resto 1*

*e) 301 com resto 0*

*f) 1500 com resto 2*

*g) 262 com resto 2*

*h) 737 com resto 4*

*i) 808 com resto 4*

*j) 402 com resto 3*

*k) 567 com resto 1*

*l) 678 com resto 5*

4. Resolva as divisões a seguir e note mais e mais sua segurança nestas operações.

a) 40841 ÷ 8

b) 1618 ÷ 4

c) 16163 ÷ 8

d) 16154 ÷ 8

e) 4098 ÷ 4

f) 45556 ÷ 5

g) 58940 ÷ 7

h) 2535 ÷ 5

i) 63012 ÷ 9

j) 9199 ÷ 7

k) 5465 ÷ 6

l) 36364 ÷ 4

*Respostas:*

*a) 5105 com resto 1*

*b) 404 com resto 2*

*c) 2020 com resto 3*

*d) 2019 com resto 2*

*e) 1024 com resto 2*

*f) 9111 com resto 1*

*g) 8420 com resto 0*

*h) 507 com resto 0*

*i) 7001 com resto 3*

*j) 1314 com resto 1*

*k) 910 com resto 5*

*l) 9091 com resto 0*

5. Persista para a perfeição, solucionando mais estas divisões:

a) 4450 ÷ 5

b) 5657 ÷ 8

c) 5474 ÷ 9

d) 24300 ÷ 6

e) 27407 ÷ 6

f) 39249 ÷ 7

g) 15041 ÷ 5

h) 18966 ÷ 9

i) 42423 ÷ 7

j) 60844 ÷ 8

k) 24042 ÷ 6

l) 30153 ÷ 5

*Respostas:*

*a) 890 com resto 0*

*b) 707 com resto 1*

*c) 608 com resto 2*

*d) 4050 com resto 0*

*e) 4567 com resto 5*

*f) 5607 com resto 0*

*g) 3008 com resto 1*

*h) 2107 com resto 3*

*i) 6060 com resto 3*

*j) 7605 com resto 4*

*k) 4007 com resto 0*

*l) 6030 com resto 3*

# CAPÍTULO 3

*Os divisores também querem crescer!*

Neste capítulo vamos começar com divisores de mais de um dígito. Você vai notar que o processo não muda praticamente nada. A dificuldade agora é realizar multiplicações na borda do papel para encontrar os quocientes das divisões parciais.

Vamos começar com o seguinte exemplo: 1.669 dividido por 23. Neste exemplo, para reforçar o método, vamos começar ingenuamente, ou seja, dividindo cada casa como deve ser.

Comecemos...

$$\overset{\prime}{1}669 \underline{|23}$$

1 dividido por 23 dá zero, com resto igual a 1.

$$
\begin{array}{r|l}
\acute{1}\acute{6}69 & \underline{23} \\
\underline{0} & 0 \\
16 &
\end{array}
$$

Agora baixamos o 6 das centenas e fazemos 16 dividido por 23 dá 0 com resto 16. Logo fica assim:

$$
\begin{array}{r|l}
\acute{1}\acute{6}69 & \underline{23} \\
\underline{0} & 00 \\
16 & \\
\underline{-\ 0} & \\
16 &
\end{array}
$$

Vamos então baixar o 6 das dezenas, o que vai formar 166.

$$\begin{array}{c|c}
\overset{\prime}{1}\overset{\prime}{6}\overset{\prime}{6}9 & \underline{2\,3} \\
0 & 0\,0 \\
\hline
1\,6 \\
-\;0 \\
\hline
1\,6\,6
\end{array}$$

Agora temos a divisão parcial das dezenas, no caso, temos de dividir 166 por 23. A dificuldade é encontrar o mais rapidamente um número que sirva. Nesta hora deve-se buscar um certo bom senso, mas isto não é essencial. A experiência vai conduzindo a um resultado mais rápido. Por exemplo, podemos imaginar 23 perto de 25 e 166 perto de 150, logo, podemos chutar inicialmente o número 6 para ver se dá certo. Fazemos este teste à parte, ao lado.

$$\begin{array}{c|c}
\overset{\prime}{1}\overset{\prime}{6}\overset{\prime}{6}9 & \underline{2\,3} \\
0 & 0\,0 \\
\hline
1\,6 \\
-\;0 \\
\hline
1\,6\,6
\end{array}
\qquad
\begin{array}{r}
\overset{\prime}{2}\,3 \\
\times\,6 \\
\hline
1\,3\,8
\end{array}$$

Note que 6 x 23 deu 138. Não temos como saber de antemão se 6 é nossa resposta. Então vamos testar o 7 para ver se passa.

```
 1669 |23
   0    00
  16
 - 0
 166
```

```
 23        23
x 7       x 6
161       138
```

Note que 7 x 23 deu 161, bem próximo de 166. Podemos afirmar que a dezena do quociente será o 7. Vamos então apurar nosso resto da divisão parcial.

```
 1669 |23
   0    007
  16
 - 0
 166
-161
   5
```

```
 23        23
x 7       x 6
161       138
```

Sobrou 5 dezenas. Agora vamos baixar o 9 das unidades que vai formar o número 59.

```
 1669 |23
   0    007
  16
 - 0
 166
-161
   59
```

```
 23        23
x 7       x 6
161       138
```

Muito bem! 59 dividido por 23 quanto dá? Vamos

testar o 2 e o 3 para ver.

```
 1´6´6´9  |23
   0       007
  16
 - 0
  166
 -161
    59
```

```
 ⁼23        ´23
 x 7        x 6
 161       138

  23         23
 x 3        x 2
  69        46
```

Note que o 3 não serviu, logo as unidades do quociente será o 2. Encerremos então nossa divisão.

```
 1´6´6´9  |23
   0       0072
  16
 - 0
  166
 -161
    59
  - 46
    13
```

```
 ⁼23        ´23
 x 7        x 6
 161       138

  23         23
 x 3        x 2
  69        46
```

Temos então que 1669 dividido por 23 dá 72 com resto igual a 13. Faça a comprovação disto!


Perceba uma coisa: nestas divisões com divisores maiores, a única mudança é a dificuldade na busca dos quocientes, que temos de fazer por tentativa, à margem da conta. É assim mesmo que se faz! No mais, a evolução da divisão se dá, casa a casa, por exemplo: unidade de milhar, depois centena, depois dezena, depois unidade. Não se pode pular isso.

Como já comentamos aqui, para começar o processo, podemos ignorar os zeros iniciais porque ficam, conforme vimos, à esquerda do quociente, logo não vão interferir. Neste nosso último exemplo, poderíamos começar direto pelo 166. Entretanto, no meio do processo, não se pode ignorar de forma alguma quando a divisão parcial tem resultado zero, porque, caso contrário, incorreremos em erro grosseiro.

Vamos a mais um exemplo comentado.

Vamos fazer 14.941 dividido por 37.

$$14941 \underline{|37}$$

Perceba que vamos começar logo do 149 pois 1 dividido por 37 dá zero e 14 dividido por 37 também da zero e, ainda, estamos no começo da divisão por isso podemos saltar estes zeros, que ficariam à esquerda no quociente.

Vamos procurar um valor para quociente. Vamos

começar testando o 3 e os demais até chegar no valor correto. Fazemos isto ao lado.

14941 |37____

2
3 7
× 4
‾‾‾‾
148

2
3 7
× 3
‾‾‾‾
1 1 1

Veja só: quando testamos o 4, encontramos 148 que é quase 149, logo nosso primeiro algarismo do quociente, referente às centenas, será 4.

14941 |37____
-148      4
‾‾‾‾
14

2
3 7
× 4
‾‾‾‾
148

2
3 7
× 3
‾‾‾‾
1 1 1

Encontramos o resto da divisão parcial igual a 1 e baixamos o 4, formando o número 14 que se refere às dezenas. Temos assim 14 dezenas para dividir por 37. Podemos dividir? Claro que sim! Na verdade, é necessário. 14 por 37 dá 0 com resto igual a 14. Façamos...verdade, é necessário. 14 por 37 dá 0 com resto igual a 14.

Façamos...

14941 |37____
-148      40
‾‾‾‾
14
- 0
‾‾‾‾
141

2
3 7
× 4
‾‾‾‾
148

2
3 7
× 3
‾‾‾‾
1 1 1

Baixamos agora o 1 das unidades, formando então 141 unidades para dividir por 37. Pelos nossos cálculos anteriores, já podemos afirmar que o valor será 3, já que 4 x 37 = 148 que é maior que 141. Concluímos então o processo.

$$
\begin{array}{r|l}
14941 & \underline{37} \\
-148 & 403 \\
\hline
14 \\
-0 \\
\hline
141 \\
-111 \\
\hline
30
\end{array}
\qquad
\begin{array}{r}
\overset{2}{3}7 \\
\times 4 \\
\hline
148
\end{array}
\qquad
\begin{array}{r}
\overset{2}{3}7 \\
\times 3 \\
\hline
111
\end{array}
$$

Logo, nosso quociente é 403 e o resto é igual a 30. Tudo certinho!

Acompanhe agora o exemplo a seguir que visa apenas a reforçar o método da divisão com divisor de mais de um algarismo.

Façamos 115.531 dividido por 19.

$$
\begin{array}{r|l}
115531 & \underline{19} \\
114 & 6 \\
\hline
1
\end{array}
\qquad
\begin{array}{r}
\overset{5}{1}9 \\
\times 6 \\
\hline
114
\end{array}
\qquad
\begin{array}{r}
\overset{4}{1}9 \\
\times 5 \\
\hline
95
\end{array}
$$

Unidade de milhar do quociente será, portanto, 6.

$$
\begin{array}{r|l}
1\,1\,\overset{'}{5}\,\overset{'}{5}\,3\,1 & \underline{19} \\
\underline{1\,1\,4} & 60 \\
\phantom{1}15 & \\
\underline{-\;\;0} & \\
\phantom{1}15 &
\end{array}
$$

$$
\begin{array}{r} \overset{5}{1}\,9 \\ \times\,6 \\ \hline 1\,1\,4 \end{array}
\qquad
\begin{array}{r} \overset{4}{1}\,9 \\ \times\,5 \\ \hline 9\,5 \end{array}
$$

Ao baixar o 5 das centenas formamos 15 centenas que dividido por 19 dá 0 com resto 15.

$$
\begin{array}{r|l}
1\,1\,\overset{'}{5}\,\overset{'}{5}\,\overset{'}{3}\,1 & \underline{19} \\
\underline{1\,1\,4} & 60 \\
\phantom{1}15 & \\
\underline{-\;\;0} & \\
\phantom{1}15\,3 &
\end{array}
$$

$$
\begin{array}{r} \overset{5}{1}\,9 \\ \times\,6 \\ \hline 1\,1\,4 \end{array}
\qquad
\begin{array}{r} \overset{4}{1}\,9 \\ \times\,5 \\ \hline 9\,5 \end{array}
$$

$$
\begin{array}{r} {}^{7}1\,9 \\ \times\,8 \\ \hline 1\,5\,2 \end{array}
\qquad
\begin{array}{r} 1\,9 \\ \times\,7 \\ \hline 1\,3\,3 \end{array}
$$

Procuramos a resposta da divisão de 153 por 19 e encontramos 8, que ocupará a posição das dezenas no quociente.

$$
\begin{array}{r|l}
1\,1\,\overset{'}{5}\,\overset{'}{5}\,\overset{'}{3}\,1 & \underline{19} \\
\underline{1\,1\,4} & 608 \\
\phantom{1}15 & \\
\underline{-\;\;0} & \\
\phantom{1}15\,3 & \\
\phantom{1}15\,2 & \\
\hline
\phantom{111}1 &
\end{array}
$$

$$
\begin{array}{r} \overset{5}{1}\,9 \\ \times\,6 \\ \hline 1\,1\,4 \end{array}
\qquad
\begin{array}{r} \overset{4}{1}\,9 \\ \times\,5 \\ \hline 9\,5 \end{array}
$$

$$
\begin{array}{r} {}^{7}1\,9 \\ \times\,8 \\ \hline 1\,5\,2 \end{array}
\qquad
\begin{array}{r} 1\,9 \\ \times\,7 \\ \hline 1\,3\,3 \end{array}
$$

Agora vamos baixar o 1 das unidades que irá formar 11. A divisão só acaba depois que concluímos a divisão da última casa (unidades).

$$
\begin{array}{r}
1\,1\,5\,5\,3\,1\,\lfloor\underline{19} \\
\underline{1\,1\,4}\qquad 6\,0\,8\,0 \\
1\,5 \\
\underline{-\,0} \\
1\,5\,3 \\
1\,5\,2 \\
\underline{\quad} \\
1\,1 \\
\underline{-\,0} \\
1\,1
\end{array}
$$

$$
\begin{array}{r}
1\,9 \\
\times\,6 \\
\underline{\quad} \\
1\,1\,4
\end{array}
\qquad
\begin{array}{r}
1\,9 \\
\times\,5 \\
\underline{\quad} \\
9\,5
\end{array}
$$

$$
\begin{array}{r}
1\,9 \\
\times\,8 \\
\underline{\quad} \\
1\,5\,2
\end{array}
\qquad
\begin{array}{r}
1\,9 \\
\times\,7 \\
\underline{\quad} \\
1\,3\,3
\end{array}
$$

Pronto, dividimos 11 por 19 que dá zero com resto igual a 11. Agora sim, a divisão foi concluída. Lembre-se: sempre que baixamos um algarismo do dividendo, temos de realizar uma divisão com o divisor, sob pena de errar.

A resposta é, portanto, 6080 com resto igual a 11.

Vamos a mais um último exemplo comentado para passarmos aos exercícios.

Façamos 87.030 dividido por 123.

$$
8\,7\,0\,3\,0\,\lfloor\underline{1\,2\,3}
$$

$$
\begin{array}{r}
1\,2\,3 \\
\times\,7 \\
\underline{\quad} \\
8\,6\,1
\end{array}
$$

Demos sorte! Na nossa primeira tentativa, por 7, encontramos 861 que já é bem próximo de 870, logo, o algarismo das centenas do quociente será 7.

$$
\begin{array}{r|l}
8\,7\,0\,\overset{\prime\ \prime}{3}\,0 & \underline{1\,2\,3} \\
-8\,6\,1 & \quad 7 \\
\hline
\ \ 9\,3 &
\end{array}
\qquad
\begin{array}{r}
\overset{1\ 2}{1\,2\,3} \\
\times\ 7 \\
\hline
8\,6\,1
\end{array}
$$

O resto da divisão parcial foi igual a 9. Baixamos 3 dezenas, formando 93 dezenas que, na divisão por 123 dará 0 com resto 93.

$$
\begin{array}{r|l}
8\,7\,\overset{\prime}{0}\,\overset{\prime}{3}\,0 & \underline{1\,2\,3} \\
-8\,6\,1 & \ \ 7\,0 \\
\hline
\ \ 9\,3 & \\
-\ 0 & \\
\hline
\ \ 9\,3\,0 &
\end{array}
\qquad
\begin{array}{r}
\overset{1\ 2}{1\,2\,3} \\
\times\ 7 \\
\hline
8\,6\,1
\end{array}
$$

Baixamos agora as unidades, que valem 0, formando o número 930. Vamos à busca de qual número ocupará as unidades do quociente.

$$
\begin{array}{r|l}
8\,7\,\overset{\prime}{0}\,\overset{\prime}{3}\,\overset{\prime}{0} & \underline{1\,2\,3} \\
-8\,6\,1 & \ \ 7\,0 \\
\hline
\ \ 9\,3 & \\
-\ 0 & \\
\hline
\ \ 9\,3\,0 &
\end{array}
\qquad
\begin{array}{r}
\overset{1\ 2}{1\,2\,3} \\
\times\ 8 \\
\hline
9\,8\,4
\end{array}
\qquad
\begin{array}{r}
\overset{1\ 2}{1\,2\,3} \\
\times\ 7 \\
\hline
8\,6\,1
\end{array}
$$

Veja que o 8 não serviu, pois passou de 930, logo a casa das unidades do quociente será 7. Vamos apurar o resto da divisão e concluir.

```
  , , ,
87 030 |123
-861      707
   93
   - 0
   930
  -86 1
    69
```

```
1 2
123
× 8
9 8 4
```

```
1 2
123
× 7
8 6 1
```

Prontinho! Temos então que o resultado dá 707 com resto igual a 69.

Exercícios:

1. Encare estas divisões e prove para você mesmo que você está melhorando bastante!

a) 14321 ÷ 16

b) 1714 ÷ 16

c) 1783 ÷ 17

d) 6731 ÷ 21

e) 10698 ÷ 34

f) 12931 ÷ 26

g) 3101 ÷ 12

h) 5040 ÷ 10

i) 19809 ÷ 28

j) 5347 ÷ 14

k) 23970 ÷ 32

l) 20975 ÷ 24

*Respostas:*

*a) 895 com resto 1*

*b) 107 com resto 2*

*c) 104 com resto 15*

*d) 320 com resto 11*

*e) 314 com resto 22*

*f) 497 com resto 9*

*g) 258 com resto 5*

*h) 504 com resto 0*

*i) 707 com resto 13*

*j) 381 com resto 13*

*k) 749 com resto 2*

*l) 873 com resto 23*

2. Persista nas atividades de divisão resolvendo mais estas.

a) 81572 ÷ 20

b) 128903 ÷ 49

c) 127031 ÷ 30

d) 243721 ÷ 35

e) 104624 ÷ 40

f) 219304 ÷ 39

g) 201589 ÷ 35

h) 345040 ÷ 38

i) 339762 ÷ 34

j) 216480 ÷ 33

k) 169619 ÷ 42

l) 14380 ÷ 39

*Respostas:*

*a) 4078 com resto 12*

*b) 2630 com resto 33*

*c) 4234 com resto 11*

*d) 6963 com resto 16*

*e) 2615 com resto 24*

*f) 5623 com resto 7*

*g) 5759 com resto 24*

*h) 9080 com resto 0*

*i) 9993 com resto 0*

*j) 6560 com resto 0*

*k) 4038 com resto 23*

*l) 368 com resto 28*

3. Vamos encarar mais este bloco de divisões!?

a) 41108 ÷ 32

b) 162553 ÷ 32

c) 93151 ÷ 12

d) 135920 ÷ 37

e) 58022 ÷ 22

f) 289929 ÷ 48

g) 132147 ÷ 22

h) 51602 ÷ 14

i) 89037 ÷ 59

j) 226418 ÷ 49

k) 120298 ÷ 23

l) 6072 ÷ 46

*Respostas:*

*a) 1284 com resto 20*

*b) 5079 com resto 25*

*c) 7762 com resto 7*

*d) 3673 com resto 19*

*e) 2637 com resto 8*

*f) 6040 com resto 9*

*g) 6006 com resto 15*

*h) 3685 com resto 12*

*i) 1509 com resto 6*

*j) 4620 com resto 38*

*k) 5230 com resto 8*

*l) 132 com resto 0*

4. Se você chegou até aqui, ninguém lhe para mais! Vamos a mais um bloco!

a) 207829 ÷ 55

b) 517996 ÷ 64

c) 243062 ÷ 56

d) 42423 ÷ 17

e) 162143 ÷ 18

f) 12789 ÷ 39

g) 19105 ÷ 10

h) 348609 ÷ 50

i) 233599 ÷ 53

j) 152669 ÷ 48

k) 94946 ÷ 47

l) 39497 ÷ 15

*Respostas:*

*a) 3778 com resto 39*

*b) 8093 com resto 44*

*c) 4340 com resto 22*

*d) 2495 com resto 8*

*e) 9007 com resto 17*

*f) 327 com resto 36*

*g) 1910 com resto 5*

*h) 6972 com resto 9*

*i) 4407 com resto 28*

*j) 3180 com resto 29*

*k) 2020 com resto 6*

*l) 2633 com resto 2*

## 5. Conclua este bloco, que apresenta divisores ainda mais estranhas!

a) 479467 ÷ 68

b) 105638 ÷ 88

c) 94785 ÷ 59

d) 96947 ÷ 88

e) 286163 ÷ 70

f) 371087 ÷ 64

g) 186307 ÷ 61

h) 612579 ÷ 68

i) 148545 ÷ 55

j) 681485 ÷ 72

k) 139543 ÷ 90

l) 149042 ÷ 56

*Respostas:*

*a) 7050 com resto 67*

*b) 1200 com resto 38*

*c) 1606 com resto 31*

*d) 1101 com resto 59*

e) *4088 com resto 3*

f) *5798 com resto 15*

g) *3054 com resto 13*

h) *9008 com resto 35*

i) *2700 com resto 45*

j) *9465 com resto 5*

k) *1550 com resto 43*

l) *2661 com resto 26*

# CAPÍTULO 4

*O resto eleva o tom e ordena que a divisão prossiga!*

Neste capítulo vamos ultrapassar o limite da divisão inteira. Antes de começarmos, é necessário lembrar como a estrutura numérica decimal funciona. A lógica é a mesma. Por exemplo, uma unidade é equivalente a 10 décimos, que é a primeira casa após a vírgula decimal. A vírgula decimal separa a parte inteira do número das posições que medem valores inferiores à unidade, ou seja, valores quebrados. Assim, no número 23,5 temos 2 dezenas e 3 unidades, ou ainda 23 unidades, e mais 5 décimos de unidade. Se juntarmos 10 décimos de unidade teremos uma unidade.

Fazendo uma comparação com o dinheiro, se tivermos 10 moedas de 10 centavos (décimos), teremos uma unidade de moeda (um real).

Seguindo o mesmo raciocínio, temos o centésimo. Dez moedas de um centavo (centésimo) equivalem a uma moeda de 10 centavos.

Para efeito da divisão, é importante sabermos que, se nosso resto é igual a 2, na divisão inteira, na divisão decimal, este 2 equivale a 20 décimos, por outro lado, se encontramos 7 décimos de resto, eles correspondem a 70 centésimos. 12 centésimos correspondem a 120 milésimos, e assim por diante.

Vamos a um exemplo? Vamos fazer agora a divisão de 7 por 4.

$$\begin{array}{r|l} 7 & \underline{4} \\ -4 & 1 \\ \hline 3 \end{array}$$

Esta é nossa divisão inteira, já conhecida. O quociente é 1 e o resto é 3. Mas agora, transformamos este resto que é 3 unidades em décimos. Assim, temos 30 décimos e como o resultado desta divisão parcial nos dará o resultado em décimos, temos de colocar uma vírgula decimal no nosso quociente. Teremos então:

$$7 \underline{|4}$$
$$-4 \quad 1,$$
$$\overline{\phantom{-}30}$$

Agora, continuamos nossa divisão, procurando encontrar a quantidade de décimos do quociente.

$$7 \underline{|4}$$
$$-4 \quad 1,7$$
$$\overline{\phantom{-}30}$$
$$-28$$
$$\overline{\phantom{-}2}$$

Olha só o que aconteceu! Encontramos os décimos do quociente que são 7 e sobraram 2 décimos ainda. Então, podemos transformar estes 2 décimos em centésimos, e teremos 20 centésimos, por isso, acrescentamos um zero e seguimos em frente, buscando qual será a casa dos centésimos no quociente.

$$
\begin{array}{r|l}
7 & \underline{4} \\
-4 & 1,7 \\
\hline
30 & \\
-28 & \\
\hline
20 &
\end{array}
$$

Seguimos...

$$
\begin{array}{r|l}
7 & \underline{4} \\
-4 & 1,75 \\
\hline
30 & \\
-28 & \\
\hline
20 & \\
-20 & \\
\hline
0 &
\end{array}
$$

Olha só! Encontramos 5 centésimos e não restou mais nada. É como se fosse uma divisão exata, mas na casa dos centésimos. Logo, 7 dividido por 4 dá 1,75 numa divisão decimal.

Vamos fazer, então 1369 dividido por 3 com precisão de duas casas decimais.

Vamos lá?

$$
\begin{array}{r|l}
1\,3\,6\,9 & \underline{3} \\
\underline{1\,2} & 4 \\
1 &
\end{array}
$$

Apresentamos então nossa primeira divisão parcial, no caso 13 por 3 deu 4 com resto parcial igual a 1. A casa das centenas do quociente foi ocupada pelo 4.

$$
\begin{array}{r|l}
1\,3\,6\,9 & \underline{3} \\
\underline{1\,2} & 4\,5 \\
1\,6 & \\
\underline{1\,5} & \\
1 &
\end{array}
$$

Agora, baixamos as 6 dezenas do dividendo e fizemos nova divisão parcial de 16 dezenas por 3 que resultou 5 dezenas no quociente e o resto parcial de 1 dezena.

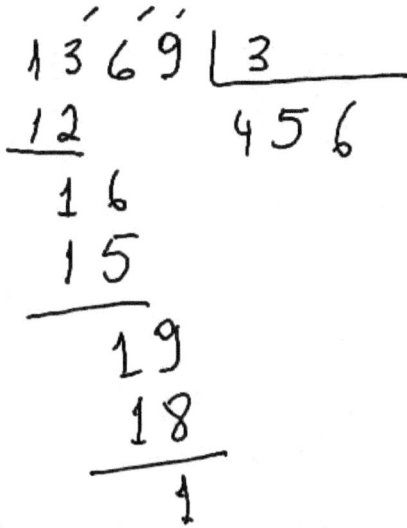

Concluímos nossa divisão inteira baixando as 9 unidades, e dividindo 19 unidades por 3, que resulta 6 com resto 1. Isto encerra nossa divisão inteira, mas vamos continuar. No caso, o resto 1 unidade passa a ser 10 décimos e o quociente será preenchido então com décimos, portanto, acrescentamos uma vírgula decimal no quociente.

$$
\begin{array}{r|l}
1\,3\,6\,9 & \underline{3} \\
\underline{1\,2} & \quad 4\,5\,6{,}3 \\
1\,6 & \\
\underline{1\,5} & \\
\quad 1\,9 & \quad 1\,0 \\
\quad \underline{1\,8} & \quad \underline{-\,9} \\
\qquad 1\,0 & \qquad 1 \\
\qquad 9 &
\end{array}
$$

Agora dividimos os 10 décimos por 3 que resultou 3 décimos e restou 1 décimo. Para irmos até a segunda casa decimal (segunda casa após a vírgula), 1 décimo corresponde a 10 centésimos.

$$
\begin{array}{r|l}
1\,3\,6\,9 & \underline{3} \\
\underline{1\,2} & 4\,5\,6{,}3\,3 \\
1\,6 \\
\underline{1\,5} \\
1\,9 \\
\underline{1\,8} \\
1\,0 \\
9
\end{array}
$$

$$
\begin{array}{r}
1\,0 \\
-\,9 \\
\hline
1\,0 \\
9 \\
\hline
1
\end{array}
$$

Pronto! Chegamos até a segunda casa decimal. Logo, nosso quociente é 456,33 e nosso resto é 1 centésimo, ou seja, 0,01.

Vamos então a mais um exemplo, antes de apresentarmos os exercícios deste capítulo.

Vamos fazer a divisão de 6 por 7 com 5 casas decimais, ou seja, vamos até o centésimo de milésimo, apenas para ilustrar.

```
  6  | 7
- 0    0
 ___
  6
```

Começando com um passo interessante! Dividimos 6 por 7 e o resultado dá 0 com resto igual a 6. Ok! Agora vamos prosseguir. 6 unidades são 60 décimos, logo vamos agora preencher a casa dos décimos do quociente.

```
  6  | 7
- 0    0,
 ____
 60
```

Para tanto, colocamos um zero e acrescentamos a vírgula decimal.

```
  6  | 7
- 0    0,8
 ____
 60
 56
 ___
  4
```

Olha só! 60 décimos divididos por 7 deram 8 décimos e sobraram 4 décimos. Vamos continuar. Agora teremos 40 centésimos.

```
  6  | 7
- 0    0,85
  60
  56
   40
   35
    5
```

Os 40 centésimos divididos por 7 deram 5 centésimos e sobraram 5 centésimos. 5 centésimos equivalem a 50 milésimos.

```
  6  |7_____
 -0   0,857
 60
 56
   40
   35
     50
     49
      1
```

Os 50 milésimos divididos por 7 deram 7 milésimos e sobrou 1 milésimo que equivale a 10 décimos de milésimo.

```
  6  |7_____
 -0   0,8571
 60
 56
   40
   35
     50
     49
      1
```

$$10$$
$$-7$$
$$3$$

Os 10 décimos de milésimo divididos por 7 deu 1 décimo de milésimo e o resto foram 3 décimos de milésimo que equivalem a 30 centésimos de milésimo.

E chegamos ao fim. Os 30 centésimos de milésimo divididos por 7 deram 4, com resto 2 centésimos de milésimo. Nosso quociente foi então 0,85714 e nosso resto foi 2 centésimos de milésimo, ou seja, 0,00002.

Vamos fazer agora 801 dividido por 8 com duas casas decimais.

Neste momento, tomamos as 8 centenas do dividendo e dividimos por 8. O resultado é 1 e o resto parcial é 0. Vamos baixar então 0 dezena. Você já deve estar imaginando o que vai acontecer!

$$
\begin{array}{r|l}
801 & \underline{8} \\
\underline{-8} & 10 \\
00 & \\
\underline{-0} & \\
0 &
\end{array}
$$

Bem, baixamos 0 dezena e dividimos assim: 0 dividido por 8 dá 0 e o resto parcial foi apurado como sendo também 0. Não tenha receio disto! Você deve estar bem seguro do que está fazendo e vai obtendo esta segurança simplesmente treinando.

$$
\begin{array}{r|l}
801 & \underline{8} \\
\underline{-8} & 100 \\
00 & \\
\underline{-0} & \\
01 & \\
\underline{-0} & \\
1 &
\end{array}
$$

Continuamos... baixamos 1 unidade e dividimos por 8 o que dá 0. O resto da divisão inteira é então 1. Agora vamos passar à parte decimal. Uma unidade é igual a 10 décimos. Seguimos...

```
 801 |8
  8     100,1
 00
 -0
  01
  -0
   10
   -8
    2
```

Fizemos 10 décimos divididos por 8 dá 1 décimo e sobram 2 décimos. 2 décimos equivalem a 20 centésimos, e continuamos.

```
 801 |8
  8     100,12
 00
 -0
  01
  -0
   10
   -8
    20
    16
     4
```

Muito bem! Dividimos 20 centésimos por 8 e o resultado são 2 centésimos no quociente. O resto de nossa divisão são 4 centésimos, ou 0,04, já que combinamos de terminar esta conta de divisão com duas casas decimais.

O exemplo a seguir serve para demonstrar como aquela nossa divisão ingênua pode nos ajudar a não errar na hora de escrever os zeros à esquerda. Vamos fazer a divisão de 56 por 6852. Vamos lá!

$$56 \quad \underline{|6852}$$

Por onde começamos? Dividindo 56 por 6852. Pode? Claro, a resposta é 0 unidade e o resto é 56 unidades.

$$
\begin{array}{r|l}
56 & \underline{6852} \\
-0 & \phantom{00}0 \\
\hline
56 &
\end{array}
$$

Restaram 56 unidades e nossa divisão inteira terminou. Mas, vamos continuar, adentrando à parte decimal. 56 unidades correspondem a 560 décimos, então colocamos a vírgula para chegar até à casa dos décimos do quociente.

$$
\begin{array}{r|l}
56 & \!6852 \\
-\ 0 & \overline{\phantom{0}0,} \\
\hline
560 &
\end{array}
$$

Agora dividimos 560 por 6852. Adivinha! Dá zero novamente. Mas nada nos impede de prosseguirmos da mesmíssima forma.

$$
\begin{array}{r|l}
56 & \!6852 \\
-\ 0 & \overline{\phantom{0}0,0} \\
\hline
560 & \\
-\ 0 & \\
\hline
560 &
\end{array}
$$

Pronto! a casa dos décimos do quociente foi preenchida e restaram 560 décimos, que correspondem a 5600 centésimos. E prosseguimos...

$$
\begin{array}{r|l}
56 & \!6852 \\
-\ 0 & \overline{\phantom{0}0,0} \\
\hline
560 & \\
-\ 0 & \\
\hline
5600 &
\end{array}
$$

Já estamos com 5600 centésimos e vamos dividir

por 6852 para preencher a casa dos centésimos do quociente. Mas... olha só! Dá zero novamente! É problema? De forma alguma. Basta continuar o mesmo método.

$$
\begin{array}{r|l}
56 & 6852 \\
-0 & \overline{0,00} \\
\hline
560 & \\
-0 & \\
\hline
5600 & \\
-0 & \\
\hline
5600 &
\end{array}
$$

Temos agora um resto de 5600 centésimos que, por sua vez, correspondem a 56000 milésimos. Sigamos...

$$
\begin{array}{c|l}
56 & \!\!6852 \\
-0 & \overline{\phantom{6852}} \\
\hline
560 & 0,008 \\
-0 \\
\hline
5600 \\
-0 \\
\hline
56000 \\
\;\; 54816 \\
\hline
\;\;\; 1184
\end{array}
$$

$$
\begin{array}{r}
{}^{5}{}^{3}{}^{1} \\
6852 \\
\times 7 \\
\hline
47964 \\
{}^{6}{}^{4}{}^{1} \\
6852 \\
\times 8 \\
\hline
54816
\end{array}
$$

Preenchemos a casa dos milésimos com 8 (o 7 não deu). Sobraram 1184 milésimos que correspondem a 11840 décimos de milésimo. Vamos mais um pouco...

$$
\begin{array}{c|l}
56 & \!\!6852 \\
-0 & \overline{\phantom{6852}} \\
\hline
560 & 0,0081 \\
-0 & \;\; 11840 \\
& \;\; -6852 \\
\hline
5600 & \;\;\;\; 4988 \\
-0 \\
\hline
56000 \\
\;\; 54816 \\
\hline
\;\;\; 1184
\end{array}
$$

$$
\begin{array}{r}
{}^{5}{}^{3}{}^{1} \\
6852 \\
\times 7 \\
\hline
47964 \\
{}^{6}{}^{4}{}^{1} \\
6852 \\
\times 8 \\
\hline
54816
\end{array}
$$

A próxima casa foi fácil, deu 1. Vamos a mais uma casa do quociente.

$$
\begin{array}{r|l}
56 & 6852 \\
-0 & \overline{0,00817} \\
\hline
560 & \\
-0 & 11840 \\
\hline
5600 & -6852 \\
-0 & \overline{49880} \\
\hline
56000 & -47964 \\
54816 & \overline{1916} \\
\hline
1184 &
\end{array}
$$

$$
\begin{array}{r}
531 \\
6852 \\
\times 7 \\
\hline
47964
\end{array}
\qquad
\begin{array}{r}
641 \\
6852 \\
\times 8 \\
\hline
54816
\end{array}
$$

Pronto! encontramos nosso quociente que é 0,00817 e o nosso resto que é 1916 centésimos de milésimos, ou seja, temos de colocar o 6 na casa dos centésimos de milésimo que é a casa 5, então nosso resto é 0,01916.

Para ficar mais bonito, vamos provar que esta conta está correta?

$$
\begin{array}{r}
6852 \\
\times \ 817 \\
\hline
47964 \\
6852\phantom{0} \\
54816\phantom{00} \\
\hline
5598084
\end{array}
\qquad
\begin{array}{r}
55,98084 \\
+ \ \ 0,01916 \\
\hline
56,00000
\end{array}
$$

Um último e ilustrativo exercício. Vamos fazer 319 dividido por 53 com duas casas decimais.

$$
\begin{array}{r|l}
3\,1\,\overset{\prime}{9} & \underline{5\bar{3}} \\
\underline{3\,1\,8} & 6 \\
1 &
\end{array}
\qquad\qquad
\begin{array}{r}
\overset{\prime}{5}3 \\
\underline{\times 6} \\
3\,1\,8
\end{array}
$$

Começamos já nas unidades, já que 31 por 53 dá 0. A casa das unidades do quociente será 6 e o resto da divisão inteira é 1. 1 corresponde a 10 décimos e prosseguimos.

$$
\begin{array}{r|l}
3\,1\,\overset{\prime}{9} & \underline{5\bar{3}} \\
\underline{3\,1\,8} & 6, \\
1\,0 &
\end{array}
\qquad\qquad
\begin{array}{r}
\overset{\prime}{5}3 \\
\underline{\times 6} \\
3\,1\,8
\end{array}
$$

Olha só como ficou! Temos então para a casa dos décimos do quociente 10 dividido por 53. O resultado é 0 com resto 10, então prosseguimos.

$$
\begin{array}{r|l}
3\,1\,\overset{\prime}{9} & \underline{5\bar{3}} \\
\underline{3\,1\,8} & 6,0 \\
1\,0 & \\
\underline{-\,0} & \\
1\,0\,0 &
\end{array}
\qquad\qquad
\begin{array}{r}
\overset{\prime}{5}3 \\
\underline{\times 6} \\
3\,1\,8
\end{array}
$$

Restou 100 centésimos. Teremos então que dividir 100 por 53 que dá 1 e o resto só poderá ser 47 centésimos.

```
  319  | 53
  318    6,01
 ———
   10
  - 0
  ———
  100
 - 53
  ———
   47
```

```
 53
x 6
————
318
```

47 centésimos correspondem a 0,47, que é o resto da divisão, cujo quociente com duas casas decimais é 6,01. Se multiplicarmos 6,01 por 53 e acrescentarmos 0,47 deveremos encontrar 319. Vamos fazer?

```
  6,01
x  53
————
 1803
3005
————
318,53
```

```
 318,53
+  0,47
————
319,00
```

Exercícios:

1. Resolva estas divisões com precisão de duas casas decimais (centésimos)

a) 26 ÷ 7

b) 983 ÷ 8

c) 86 ÷ 7

d) 81 ÷ 7

e) 953 ÷ 7

f) 963 ÷ 8

g) 813 ÷ 8

h) 793 ÷ 6

i) 658 ÷ 9

j) 208 ÷ 6

k) 194 ÷ 7

l) 145 ÷ 6

*Respostas:*

*a) 3,71 com resto 0,03*

*b) 122,87 com resto 0,04*

*c) 12,28 com resto 0,04*

*d) 11,57 com resto 0,01*

*e) 136,14 com resto 0,02*

*f) 120,37 com resto 0,04*

*g) 101,62 com resto 0,04*

*h) 132,16 com resto 0,04*

*i) 73,11 com resto 0,01*

*j) 34,66 com resto 0,04*

*k) 27,71 com resto 0,03*

*l) 24,16 com resto 0,04*

2. Agora a chapa vai esquentar! Siga seus instintos e as regras da divisão para resolver corretamente as seguintes, com precisão de centésimos.

a) 482 ÷ 13

b) 529 ÷ 11

c) 587 ÷ 17

d) 156 ÷ 19

e) 397 ÷ 23

f) 874 ÷ 29

g) 955 ÷ 31

h) 43 ÷ 37

i) 576 ÷ 41

j) 812 ÷ 47

k) 676 ÷ 51

l) 142 ÷ 53

*Respostas:*

*a) 37,07 com resto 0,09*

*b) 48,09 com resto 0,01*

*c) 34,52 com resto 0,16*

*d) 8,21 com resto 0,01*

*e) 17,26 com resto 0,02*

*f) 30,13 com resto 0,23*

*g) 30,8 com resto 0,2*

*h) 1,16 com resto 0,08*

*i) 14,04 com resto 0,36*

*j) 17,27 com resto 0,31*

*k) 13,25 com resto 0,25*

*l) 2,67 com resto 0,49*

3. Vamos em frente aumentando o nível de dificuldade. Resolva mais este bloco, mas agora com precisão de 3 casas decimais (milésimos)

a) 800 ÷ 13

b) 303 ÷ 11

c) 832 ÷ 17

d) 59 ÷ 19

e) 155 ÷ 23

f) 594 ÷ 29

g) 904 ÷ 31

h) 142 ÷ 37

i) 805 ÷ 41

j) 583 ÷ 47

k) 729 ÷ 51

l) 404 ÷ 53

*Respostas:*

*a) 61,538 com resto 0,006*

*b) 27,545 com resto 0,005*

*c) 48,941 com resto 0,003*

*d) 3,105 com resto 0,005*

*e) 6,739 com resto 0,003*

*f) 20,482 com resto 0,022*

*g) 29,161 com resto 0,009*

*h) 3,837 com resto 0,031*

*i) 19,634 com resto 0,006*

*j) 12,404 com resto 0,012*

*k) 14,294 com resto 0,006*

*l) 7,622 com resto 0,034*

4. Nesta bateria de questões, você deve continuar encontrando o quociente com precisão de três casas.

a) 864 ÷ 7

b) 849 ÷ 9

c) 693 ÷ 13

d) 376 ÷ 17

e) 4 ÷ 19

f) 32 ÷ 21

g) 464 ÷ 23

h) 43 ÷ 27

i) 342 ÷ 29

j) 937 ÷ 7

k) 790 ÷ 51

l) 515 ÷ 53

*Respostas:*

*a) 123,428 com resto 0,004*

*b) 94,333 com resto 0,003*

*c) 53,307 com resto 0,009*

*d) 22,117 com resto 0,011*

*e) 0,21 com resto 0,01*

*f) 1,523 com resto 0,017*

*g) 20,173 com resto 0,021*

*h) 1,592 com resto 0,016*

*i) 11,793 com resto 0,003*

*j) 133,857 com resto 0,001*

*k) 15,49 com resto 0,01*

*l) 9,716 com resto 0,052*

5. Chegamos à bateria mais sinistra deste capítulo. Mas você conseguirá, com atenção e perspicácia, detonar todas essas divisões. Desta vez, você deve chegar até a quarta casa decimal (décimo de milésimo).

a) 7 ÷ 13

b) 4 ÷ 9

c) 23 ÷ 7

d) 32 ÷ 17

e) 70 ÷ 19

f) 32 ÷ 36

g) 6 ÷ 29

h) 97 ÷ 39

i) 7 ÷ 31

j) 59 ÷ 7

k) 85 ÷ 57

l) 82 ÷ 61

*Respostas:*

*a) 0,5384 com resto 0,0008*

*b) 0,4444 com resto 0,0004*

*c) 3,2857 com resto 0,0001*

*d) 1,8823 com resto 0,0009*

*e) 3,6842 com resto 0,0002*

*f) 0,8888 com resto 0,0032*

*g) 0,2068 com resto 0,0028*

*h) 2,4871 com resto 0,0031*

*i) 0,2258 com resto 0,0002*

*j) 8,4285 com resto 0,0005*

*k) 1,4912 com resto 0,0016*

*l) 1,3442 com resto 0,0038*

# CAPÍTULO 5

*Estamos prestes a encarar qualquer divisão.*

Chegado até este capítulo você já domina a divisão decimal envolvendo dividendo e divisor inteiros. Resta apenas considerarmos a possibilidade de eles também serem números decimais. Temos agora de resolver, por exemplo, a operação 12,25 ÷ 1,7. Uma saída prática é converter esta divisão numa divisão inteira cujo resultado será o mesmo. Para fazermos isto, multiplicamos o dividendo e o divisor por uma mesma potência de 10, no caso a menor delas que elimine a vírgula decimal de ambos os números. Neste exemplo, multiplicamos 12,25 por 100, que nos dá 1225 e multiplicamos 1,7 também por 100 que nos dá 170. Logo, nosso quociente será o resultado de 1225 dividido por 170 que já podemos fazer com a precisão de casas decimais que for solicitada.

Mas lembre-se, a vírgula deve andar o mesmo tanto de casas decimais tanto no dividendo quanto no divisor. Se for necessário, acrescenta-se zeros como fizemos com o 1,7 do nosso exemplo.

É necessário, aqui, um breve reforço sobre as possíveis composições dentro das casas decimais. Vamos a alguns exemplos, para fixar melhor. Considere o número decimal 2,836. Podemos apresentar variadas afirmações sobre este singelo número. Por exemplo:

- A casa das unidades contém o algarismo 2.
- Temos na casa dos décimos o algarismo 8
- Na casa dos centésimos, temos o 3
- Na casa dos milésimos temos o 6

Entretanto, fazendo composições (e isto será necessário nas divisões), podemos também afirmar que:

- Temos 2 unidades
- Temos 28 décimos
- Temos 283 centésimos e, ainda,
- Temos 2836 milésimos.

A dica, para você não se confundir, é você se basear no último algarismo. Eu explico melhor com exemplos:

- 25 unidades é o número 25
- 38 décimos é o número 3,8
- 47 centésimos é o número 0,47
- 357 centésimos é o número 3,57

- 841 milésimos é o número 0,841

Percebeu a questão da posição? Se tenho de escrever o número correspondente a 841 milésimos, vou botar o 1 na casa dos milésimos e o resto que se acomode!

Um outro exemplo: observe o número 0,245983. Nele temos:

- Casa dos décimos → 2
- Casa dos centésimos → 4
- Casa dos milésimos → 5
- Casa dos décimos de milésimos → 9
- Casa dos centésimos de milésimos → 8
- Casa dos milionésimos → 3

Agora, mantendo a mesma pegada, veja os seguintes exemplos:

- O número que corresponde a 218 décimos de milésimo é 0,0218
- 36 décimos de milésimo é 0,0036
- 5 décimos de milésimo é 0,0005
- 876 centésimos de milésimo é o número 0,00876
- 49 milionésimos é o número 0,000049

Feito estes parênteses, podemos retornar às divisões...

Que tal então encontrarmos o resultado de 12,25 dividido por 1,7 com duas casas decimais? Vamos lá?

$$
\begin{array}{r|l}
1225\ ' & \underline{170} \\
-1190 & 7 \\
\hline
35 &
\end{array}
\qquad
\begin{array}{r}
\overset{5}{\phantom{1}}\,170 \\
\times\ 8 \\
\hline
1360 \\
\overset{4}{\phantom{1}}\,170 \\
\times\ 7 \\
\hline
1190
\end{array}
$$

Começamos buscando quem irá ocupar a casa das unidades no quociente. Testamos o 8 mas não serviu. O 7 serviu. Perceba que nosso resto da divisão inteira é 35 unidades. Mas como em nossa divisão original o dividendo é 12,25, podemos notar que o resto, na verdade são 35 centésimos, ou 0,35. Podemos então concluir que, ao multiplicarmos por 100, transformamos os centésimos em unidade. Logo, ao concluirmos, para apresentarmos um resto compatível com a divisão original, temos de dividi-lo por 100.

Vamos então seguir normalmente nossa divisão, ou seja, considerando os números inteiros mesmo. Então temos como resto 35 unidades que correspondem a 350 décimos. Vamos adentrar às casas decimais agora.

$$
\begin{array}{r|l}
1225 & \underline{170} \\
-1190 & 7, \\
\hline
\phantom{1}350 &
\end{array}
$$

$$
\begin{array}{r}
5 \\
170 \\
\times\ 8 \\
\hline
1360 \\
4 \\
170 \\
\times\ 7 \\
\hline
1190
\end{array}
$$

Colocamos um zero e uma vírgula. Temos de dividir então 350 por 170.

$$
\begin{array}{r|l}
1225 & \underline{170} \\
-1190 & 7,2 \\
\hline
\phantom{1}350 & \\
\phantom{1}340 & \\
\hline
\phantom{11}10 &
\end{array}
$$

$$
\begin{array}{r}
3 \\
170 \\
\times\ 3 \\
\hline
510 \\
170 \\
\times\ 2 \\
\hline
340
\end{array}
$$

$$
\begin{array}{r}
5 \\
170 \\
\times\ 8 \\
\hline
1360 \\
4 \\
170 \\
\times\ 7 \\
\hline
1190
\end{array}
$$

Note que tentamos inicialmente o 3, mas não serviu. Ficamos com o 2 para a casa dos décimos do quociente. Restaram 10 décimos que correspondem a 100 centésimos e vamos até a casa dos centésimos.

$$
\begin{array}{r|l}
12\overset{r}{2}5 & \underline{1\,7\,0} \\
-\;1190 & 7,20 \\
\hline
3\,5\,0 \\
3\,4\;0 \\
\hline
1\,0\,0 \\
-\;0 \\
\hline
1\,0\,0
\end{array}
$$

$$
\begin{array}{r}
\overset{2}{1}\,7\,0 \\
\times\;3 \\
\hline
5\,1\,0
\end{array}
\qquad
\begin{array}{r}
\overset{5}{1}\,7\,0 \\
\times\;8 \\
\hline
1\,3\,6\;0
\end{array}
$$

$$
\begin{array}{r}
\overset{1}{1}\,7\,0 \\
\times\;2 \\
\hline
3\,4\,0
\end{array}
\qquad
\begin{array}{r}
\overset{4}{1}\,7\,0 \\
\times\;7 \\
\hline
1\,1\,9\,0
\end{array}
$$

Note que 100 dividido por 170 dá 0 e o resto é, portanto, 100 centésimos.

Agora, vamos converter estes 100 centésimos, ou seja, 1 no resto da divisão original. Temos de dividir 1 por 100, logo nosso resto da divisão original será 0,01.

Vamos testar este resultado? Temos então que 12,25 dividido por 1,7 dá 7,2 com resto 0,01. Vamos testar?

$$
\begin{array}{r}
7,2 \\
\times\ 1,7 \\
\hline
5\ 0\ 4 \\
7\ 2 \\
\hline
12,2\ 4
\end{array}
\qquad
\begin{array}{r}
12,24 \\
+\ 0,01 \\
\hline
12,25
\end{array}
$$

A coisa está ficando cada vez mais... digamos... interessante!

Vamos um novo exemplo. Vamos dividir 15,3 por 4,28 com precisão de duas casas decimais.

Inicialmente, temos de deslocar a vírgula duas casas (multiplicar por 100) em casa um deste operadores. Teremos então 1530 dividido por 428.

```
 1530 |428
-1284  3
  246
```

```
   2
  428
  × 3
 1284
   3
  428
  × 4
 1712
```

Em nossa divisão inteira, testamos, para unidade do quociente, o 3 e o 4, mas só serve um deles, no caso o 3. Agora vamos à primeira casa decimal. Temos então 2460 décimos.

```
 1530 |428
-1284  3,5
 2460
-2140
  320
```

```
  5
 428
 × 7
2996
  4
 428
 × 6
2568
  4
 428
 × 5
2140
```

```
   2
  428
  × 3
 1284
   3
  428
  × 4
 1712
```

Olha só como é o processo. Nesta passada, testamos 7, 6 e 5 e ficou o 5. É assim mesmo, como dissemos no início deste livro, a divisão se desenvolve por tentativa e erro até encontramos o número correto.

Agora estamos com um resto de 320 décimos que correspondem a 3200 centésimos. Vamos concluir?

$$1530 \underline{|428}$$
$$-1284 \quad 3,57$$
$$\overline{\phantom{-}2460}$$
$$-2140$$
$$\overline{\phantom{-}3200}$$
$$\phantom{-}2996$$
$$\overline{\phantom{-}204}$$

$$428$$
$$\times 7$$
$$\overline{2996}$$

$$428$$
$$\times 6$$
$$\overline{2568}$$

$$428$$
$$\times 5$$
$$\overline{2140}$$

$$428$$
$$\times 3$$
$$\overline{1284}$$

$$428$$
$$\times 4$$
$$\overline{1712}$$

$$428$$
$$\times 8$$
$$\overline{3424}$$

Olha só que interessante! Ficamos no final entre 8 e 7, mas o 7 é que serviu. Logo nosso quociente é 3,57 e nosso resto desta divisão inteira é 204 centésimos. Mas, para a divisão original, vamos ter de dividir por 100. 204 centésimos é 2,04 que divididos por 100 dão 0,0204 (vírgula pula pra esquerda duas casas).

Vamos testar este resultado?

$$
\begin{array}{r}
{}_{1}\phantom{0}{}^{2}{}_{4} \\
{}_{1}\phantom{0}{}^{5} \\
4\,2\,8 \\
\times\ 3\,5\,7 \\
\hline
2\,9\,9\,6 \\
2\,1\,4\,0 \\
1\,2\,8\,4 \\
\hline
1\,5{,}2\,7\,9\,6
\end{array}
$$

$$
\begin{array}{r}
{}^{1}\phantom{0}{}^{1}\phantom{0}{}^{1} \\
1\,5{,}2\,7\,9\,6 \\
+\ \ 0{,}0\,2\,0\,4 \\
\hline
1\,5{,}3\,0\,0\,0
\end{array}
$$

Perfeito!

Vamos agora a mais um exemplo ilustrativo, antes de partirmos para os exercícios.

Façamos agora 2,67 dividido por 1,682 com precisão de três casas decimais.

Teremos, desta vez, de multiplicar por 1000 tanto o dividendo quanto o divisor. Vai ficar então 2670 dividido por 1682.

$$
\begin{array}{r|l}
2670 & \underline{1682} \\
-1682 & 1 \\
\hline
\phantom{0}988 &
\end{array}
$$

111

A unidade do quociente já está definida: será 1. Temos 988 unidades de resto (resto da divisão inteira). Continuemos...

$$
\begin{array}{r|l}
2670 & \underline{1682} \\
-1682 & 1{,}5 \\
\hline
9880 \\
-8410 \\
\hline
1470
\end{array}
$$

$$
\begin{array}{r}
4\ 4\ 1 \\
1682 \\
\times 6 \\
\hline
10092 \\
3\ 4\ 1 \\
1682 \\
\times 5 \\
\hline
8410
\end{array}
$$

988 unidades correspondem a 9880 décimos. Tentamos com 6 e 5, e ficou o 5. Nosso resto são 1470 décimos, que correspondem a 14700 centésimos. Veja que o valor mais provável para centésimo do quociente é 9 ou 8. Vemos ver?

$$
\begin{array}{r|l}
2670 & \underline{1682} \\
-1682 & 1{,}58 \\
\hline
9880 \\
-8410 \\
\hline
14700 \\
-13456 \\
\hline
1244
\end{array}
$$

$$
\begin{array}{r}
4\ 4\ 1 \\
1682 \\
\times 6 \\
\hline
10092 \\
3\ 4\ 1 \\
1682 \\
\times 5 \\
\hline
8410
\end{array}
\qquad
\begin{array}{r}
6\ 7\ 1 \\
1682 \\
\times 9 \\
\hline
15138 \\
5\ 6\ 1 \\
1682 \\
\times 8 \\
\hline
13456
\end{array}
$$

Olha só, testamos o 9 e o 8, mas só serviu o 8. Temos com resto da divisão inteira 1244 centésimos que correspondem a 12440 milésimos, e vamos até este nível de precisão.

Bem, chegamos então ao nosso quociente que é 1,587 com resto da divisão inteira 666 milésimos, ou 0,666. Entretanto, como já vimos, temos de ajustar este resto para a divisão original. Como multiplicamos por 1000 para fazer a divisão inteira, agora vamos dividir por 1000 o valor 0,666 o que nos leva a 0,000666 (vírgula tem de saltar 3 casas para a esquerda).

Agora, vamos testar o resultado!

Bateu!

Cabe aqui observar que estas questões deste capítulo são bem mais trabalhosas e requerem um nível maior de atenção, ou seja, requerem treino. Mas, caso seu objetivo é tornar-se afiado para enfrentar qualquer divisão, este capítulo é essencial.

Exercícios

1. Resolva cada uma desta divisões com precisão de duas casas decimais e apresente também o resto.

a) 1,2 ÷ 3,21

b) 0,5 ÷ 8,02

c) 6,64 ÷ 3,5

d) 6,8 ÷ 1,56

e) 8,51 ÷ 3,29

f) 3,19 ÷ 2,4

g) 5,8 ÷ 1,59

h) 9,4 ÷ 3,31

i) 9,14 ÷ 7,8

j) 1,6 ÷ 3,31

k) 3,19 ÷ 6,84

l) 7,01 ÷ 2,4

*Respostas:*

*a) 0,37 com resto 0,0123*

*b) 0,06 com resto 0,0188*

*c) 1,89 com resto 0,025*

*d) 4,35 com resto 0,014*

*e) 2,58 com resto 0,0218*

*f) 1,32 com resto 0,022*

*g) 3,64 com resto 0,0124*

*h) 2,83 com resto 0,0327*

*i) 1,17 com resto 0,014*

*j) 0,48 com resto 0,0112*

*k) 0,46 com resto 0,0436*

*l) 2,92 com resto 0,002*

2. Continuando, permanecemos com a precisão de duas casas decimais. Lembre-se de determinar o resto e, em alguns casos, fazer o teste pra verificar que a resposta está correta.

a) $4,1 \div 5,15$

b) $2,76 \div 5,83$

c) $0,28 \div 8,8$

d) $2 \div 3,24$

e) $0,27 \div 6,21$

f) $9,13 \div 3,6$

g) $6,1 \div 1,78$

h) $8,13 \div 9,11$

i) $7,92 \div 3,4$

j) $1,3 \div 7,93$

k) $3,1 \div 4,74$

l) $4,56 \div 8,7$

*Respostas:*

a) *0,79 com resto 0,0315*

b) *0,47 com resto 0,0199*

c) *0,03 com resto 0,016*

d) *0,61 com resto 0,0236*

e) *0,04 com resto 0,0216*

f) *2,53 com resto 0,022*

g) *3,42 com resto 0,0124*

h) *0,89 com resto 0,0221*

i) *2,32 com resto 0,032*

j) *0,16 com resto 0,0312*

k) *0,65 com resto 0,019*

l) *0,52 com resto 0,036*

3. Resolve as operações de divisão a seguir com precisão de duas casas decimais, determinando o resto da operação.

a) $9,9 \div 0,74$

b) $3,67 \div 3,3$

c) $6 \div 7,2$

d) $7,3 \div 6,75$

e) $3,07 \div 9,8$

f) 2 ÷ 9

g) 4,4 ÷ 8,1

h) 0,35 ÷ 2,9

i) 5 ÷ 7,3

j) 7,7 ÷ 1,42

k) 9,31 ÷ 2,3

l) 6 ÷ 5,3

*Respostas:*

*a) 13,37 com resto 0,0062*

*b) 1,11 com resto 0,007*

*c) 0,83 com resto 0,024*

*d) 1,08 com resto 0,01*

*e) 0,31 com resto 0,032*

*f) 0,22 com resto 0,02*

*g) 0,54 com resto 0,026*

*h) 0,12 com resto 0,002*

*i) 0,68 com resto 0,036*

*j) 5,42 com resto 0,0036*

*k) 4,04 com resto 0,018*

*l) 1,13 com resto 0,011*

4. Vamos agora resolver questões com precisão de três casas decimais e mais, determinando o resto.

Faça com atenção e arrebente!

a) 8,56 ÷ 0,357

b) 8,696 ÷ 5,458

c) 2 ÷ 2,538

d) 0,92 ÷ 3,028

e) 7,892 ÷ 1,344

f) 4 ÷ 6,721

g) 3,83 ÷ 3,772

h) 9,716 ÷ 8,755

i) 1 ÷ 4,653

j) 2,86 ÷ 0,162

k) 2,616 ÷ 1,05

l) 4 ÷ 3,386

*Respostas:*

*a) 23,977 com resto 0,000211*

*b) 1,593 com resto 0,001406*

*c) 0,788 com resto 0,000056*

*d) 0,303 com resto 0,002516*

*e) 5,872 com resto 0,000032*

*f) 0,595 com resto 0,001005*

*g) 1,015 com resto 0,00142*

*h) 1,109 com resto 0,006705*

*i) 0,214 com resto 0,004258*

*j) 17,654 com resto 0,000052*

*k) 2,491 com resto 0,00045*

*l) 1,181 com resto 0,001134*

## 5. Continue nesta mesma vibe!

a) 6,96 ÷ 1,985

b) 8,169 ÷ 2,202

c) 1 ÷ 8,307

d) 6,05 ÷ 6,193

e) 7,284 ÷ 6,412

f) 1 ÷ 1,315

g) 9,21 ÷ 8,548

h) 6,707 ÷ 2,866

i) 5 ÷ 0,408

j) 0,86 ÷ 3,496

k) 1,658 ÷ 8,346

l) 8 ÷ 8,814

*Respostas:*

*a) 3,506 com resto 0,00059*

b) *3,709 com resto 0,001782*

c) *0,12 com resto 0,00316*

d) *0,976 com resto 0,005632*

e) *1,135 com resto 0,00638*

f) *0,76 com resto 0,0006*

g) *1,077 com resto 0,003804*

h) *2,34 com resto 0,00056*

i) *12,254 com resto 0,000368*

j) *0,245 com resto 0,00348*

k) *0,198 com resto 0,005492*

l) *0,907 com resto 0,005702*

# CAPÍTULO 6

*Eis que, de cada divisão, emerge uma porcentagem!*

A porcentagem foi uma invenção maravilhosa com finalidade de facilitar as comparações e a comunicação. Tantas são as vantagens do uso das porcentagens que elas estão em todo o lugar. Imagine, por exemplo, que Paulo tem um salário de R$4.200,000 e Joana tem um salário de 5.300,00. Em determinado mês, Paulo e Joana recebem um aumento. Paulo passa a ganhar R$4,350,00 e Joana passa a ganhar 5,470,00. Como comparar estes aumentos? Será que eles receberam aumentos proporcionalmente iguais? Ou um recebeu um aumento maior que o outro? Quem resolve esta questão? A porcentagem!

Neste capítulo iremos realizar uma abordagem prática da porcentagem, compatível com o assunto deste livro (divisão), ou seja, não iremos adentrar ao estudo dos números racionais e sua relação com as porcentagens. Vamos apenas associar as porcentagens aos números decimais que são obtidos por meio de divisões.

Uma porcentagem é uma apresentação de um número considerando como unidade a casa dos centésimos. Se estivéssemos falando de dinheiro, é como se passássemos a contar centavos. Por exemplo: R$0,50 é cinquenta centavos. Em porcentagem dizemos que 0,50 é 50% (50 porcento). Ou seja, deslocamos a vírgula para a direita duas casas e acrescentamos o símbolo de porcentagem (%). Isto equivale a multiplicar um número por 100 e, por meio do símbolo % dizer que este número será dividido por 100, ou seja, desta foram, o número permanece o mesmo.

Veja alguns exemplos:

- 1,25 = 125 centésimos = 125%
- 0,34 = 34 centésimos = 34%
- 0,07 = 7 centésimos = 7%
- 0,327 = 32,7 centésimos = 32,7%
- 0,0014 = 0,14 centésimo = 0,14%

Transformar um número decimal em sua forma percentual é razoavelmente simples (saltar a vírgula duas casas para a direita), mas exige certa atenção para não nos confundirmos.

Muito bem! Mas o que tem isto a ver com divisão? Só

tudo. Vamos ver?

Vamos supor que o saco de 5kg do arroz A seja vendido a 28,38 enquanto o arroz B seja vendido a 33,78. Quão mais caro é o arroz B?

Para sabermos o quão mais caro é o arroz B em moeda, basta realizarmos a subtração.

$$
\begin{array}{r}
33,78 \\
- \ 28,38 \\
\hline
5,40
\end{array}
$$

Agora, para sabermos isto percentualmente, tomamos o 5,40 e dividimos pelo 28,38, e isto nós já sabemos como fazer. Vamos lá?

Nosso resultado é 0,1902 com resto 2124 décimos de milésimo, isto na divisão inteira, ou seja, 0,2124. Entretanto, se multiplicamos por 100 para fazermos nossa divisão, temos de, para conhecer o resto da divisão original, dividir por 100. Obtemos assim 0,002124.

Vamos testar nosso cálculo?

$$
\begin{array}{r}
1\,838 \\
\times\ 1\,902 \\
\hline
5\,676 \\
2554\,2 \\
2838 \\
\hline
5397876
\end{array}
\qquad
\begin{array}{r}
5,397876 \\
+\ 0,002124 \\
\hline
5,400000
\end{array}
$$

Perfeito!

Podemos concluir que a diferença paga a mais quando o consumidor adquire a marca B é de 5,40 e que este valor, em relação ao preço da marca A, representa 0,1902, ou seja, 19,02%. Dizemos, assim, que a marca B é 19,02% mais cara que a marca A.

A porcentagem é, portanto, o resultado de uma divisão onde o dividendo é algo que se deseja medir em relação ao divisor, que é a referência. Veja mais este exemplo. A população do Brasil em determinado ano era de 211 milhões de habitantes, enquanto a população dos Estados Unidos no mesmo ano era de 327 milhões de habitantes. Qual a diferença percentual?

Para dizermos quantos porcento a população americana é superior à brasileira, tomamos a diferença: 327 − 211 = 116. Agora vamos tomar estes 116 milhões a mais em relação à população brasileira, ou seja, dividimos 116 por 211. Vamos fazer?

Podemos concluir que a população americana é 54,97% superior à população brasileira.

Mais um exemplo: Dona Mônica pesava 93Kg e, após uma reeducação alimentar, passou a pesar 72Kg. Qual foi a redução percentual de seu peso?

Observe que ela reduziu 93 − 72 = 21Kg. Queremos saber quanto estes 21Kg representam em relação ao seu peso inicial, que era 93Kg. Faremos, portanto, a divisão de 21 por 93.

$$
\begin{array}{r|l}
21 & \underline{93} \\
\underline{-0} & 0{,}2258 \\
210 & \\
\underline{-186} & \\
\phantom{-}240 & \quad 750 \\
\underline{-186} & \underline{-744} \\
\phantom{--}540 & \phantom{-}06 \\
\phantom{--}\underline{465} & \\
\phantom{---}75 &
\end{array}
$$

$$
\begin{array}{r}
93 \\
\times 2 \\
\hline
186
\end{array}
\qquad
\begin{array}{r}
{}^{1}\phantom{9} \\
93 \\
\times 6 \\
\hline
558
\end{array}
$$

$$
\begin{array}{r}
{}^{1}\phantom{9} \\
93 \\
\times 5 \\
\hline
465
\end{array}
\qquad
\begin{array}{r}
{}^{2}\phantom{9} \\
93 \\
\times 8 \\
\hline
744
\end{array}
$$

Concluímos que Dona Mônica perdeu 22,58% do seu peso.

Nestas comparações sempre temos duas situações e desejamos uma comparação percentual entre elas. Devemos estar bem conscientes sobre o que estamos medindo e o que estamos comparando, caso contrário, não teremos condições de analisar a situação.

Olha só mais este problema: Keison realizou a compra de uma TV. O valor da TV era de 2.350,00 mas ele conseguiu um desconto e acabou pagando 2.120,00. Qual foi o percentual de desconto concedido?

Note que o preço inicial era de 2.350 e que podemos obter o desconto fazendo 2.350 – 2.120

= 230,00. Queremos então saber quanto estes 230 representam do preço inicial da TV, ou seja, 2.350. Para isto, dividimos 230 por 2.350.

```
  230 |2350            3  4               ₂ 3
   - 0  0,0978         2350              2350
  2300                  × 9               × 7
   - 0                 ────              ────
  23000               21150             16450
 -21150                ₂  4
  ─────                2350
  18500                 × 8
  16450                ────
  ─────               18800
  20500
  18800
  ─────
   1700
```

Note, então, que o desconto concedido foi de 9,78%.

## Exercícios

1. A população brasileira era de 190,8 milhões de habitantes em 2010. Em 2022 a população cresceu para 203,1 milhões. Qual foi o aumento percentual?

*Resposta: 6,4%*

2. Uma caixa de 22Kg de tomate vinha sendo comercializada a 42,30. Com a escassez do produto, a mesma caixa passou a custar 102,85. Qual o percentual de aumento?

*Resposta: 143,1%*

3. Uma barra de chocolate típica, há muitos anos atrás, pesava 200g. Atualmente, o produto vem sendo vendido com 90g. Qual foi a redução percentual na quantidade do produto em gramas?

*Resposta: 55%*

4. A marca A de sabão líquido popular custa 1,99, enquanto a marca B é vendida a 2,73. Qual a diferença percentual que o consumidor paga a mais ao escolher a marca B?

*Resposta: 37,18% a mais.*

5. Carla ganha 4.420,00 enquanto que Mike ganha 3.870,00. Ambos receberam um aumento, e Carla passou a ganhar 4.500,00 enquanto Mike passou

a ganhar 3.900,00. Quais foram os aumentos em percentuais?

*Resposta: Carla: 1,8% e Mike 0,77%*

6. O consumo normal de uma determinada casa era de 152,2 Kwh. Entretanto, chegadas as férias, observou-se que este consumo elevou-se para 273,1 Kwh. Qual foi o efeito das férias em percentual de aumento do consumo de energia?

*Resposta: 79,43% de aumento*

7. Um determinado modelo de veículo consegue perfazer 11 Km por litro quando abastecido com álcool. Se abastecido com gasolina, seu rendimento nas mesmas condições passa a ser de 15,7 Km por litro de gasolina. Neste caso, qual o ganho percentual de eficiência do motor ao se substituir o álcool pela gasolina?

*Resposta: 42,7%*

8. Reduzindo vazamentos em sua casa, Sr. Quirino passou de um consumo de água de 11,7 $m^3$ para 8,3$m^3$ por mês. Qual foi a redução percentual alcançada?

*Resposta: 29% de redução.*

9. Um aspirante a corredor mediu seu tempo no

início de seus treinos e concluiu que estava correndo 5Km em 35 minutos. Após seis meses de treino, concluiu que seu tempo baixou para 31,5 minutos. Qual seu ganho percentual em redução do tempo?

*Resposta: 10%*

10. A menor distância rodoviária entre duas cidades é de 509Km. Existe, porém, uma rota alternativa que mede 550Km. Qual o aumento percentual de distância ao se escolher a rota mais longa?

*Resposta: 8%*

# CAPÍTULO 7

*Para alguns problemas, basta dividir.*

Neste capítulo responderemos alguns problemas utilizando a nossa, agora já querida, operação de divisão.

Problema 01. Caio ganha um salário de R$3.824,30 por mês. Em determinado mês ele trabalhou exatamente 22 dias. Quanto Caio ganhou por dia de trabalho?

Resposta: a divisão é a forma de resolver este tipo de problema pois, ao dividirmos 3.824,30 por 22 teremos como resposta o valor que, se multiplicado por 22, vai nos levar a 3.824,30, logo, teremos o valor diário do salário de Caio.

Para dividirmos 3.824,30 por 22 temos de fazer uma divisão inteira 382430 por 2200. Vamos lá, então.

$$
\begin{array}{r|l}
3\,8\,2\,4\,3\,0 & \underline{2\,2\,0\,0} \\
-2\,2\,0\,0 & 173,83 \\
\hline
1\,6\,2\,4\,3 \\
-1\,5\,4\,0\,0 \\
\hline
8\,4\,3\,0 \\
6\,6\,0\,0 \\
\hline
1\,8\,3\,0\,0 \\
-1\,7\,6\,0\,0 \\
\hline
7\,0\,0\,0
\end{array}
$$

$$
\begin{array}{r}
2\,2\,0\,0 \\
\times\ 8 \\
\hline
1\,7\,6\,0\,0
\end{array}
\qquad
\begin{array}{r}
2\,2\,0\,0 \\
\times\ 3 \\
\hline
6\,6\,0\,0
\end{array}
$$

$$
\begin{array}{r}
2\,2\,0\,0 \\
\times\ 7 \\
\hline
1\,5\,4\,0\,0
\end{array}
\qquad
\begin{array}{r}
2\,2\,0\,0 \\
\times\ 9 \\
\hline
1\,9\,8\,0\,0
\end{array}
$$

Portanto, Caio ganha a cada dia de trabalho R
$173,83. O resto da divisão inteira deu 400
centésimos, que corresponde a 4 unidades.
Entretanto, multiplicamos tudo por 100 e agora,
para termos o resto da divisão original, temos de
dividir 4 por 100, logo nosso resto é R$0,04 (4
centavos).

Vamos então à prova de que esta resposta está
correta.

$$
\begin{array}{r}
173,83 \\
\times\ \ 22 \\
\hline
3\,4\,7\,6\,6 \\
3\,4\,7\,6\,6\ \ \\
\hline
3\,8\,2\,4,2\,6
\end{array}
\qquad
\begin{array}{r}
3\,8\,2\,4,2\,6 \\
+\ 0,0\,4 \\
\hline
3\,8\,2\,4,3\,0
\end{array}
$$

Problema 02. No Brasil, em 2022, houve 20.435
homicídios. Qual a estatística de tempo para cada

homicídio?

Resposta: No ano de 2022 tivemos 365 dias (ano não bissexto). Temos as seguintes opções:

- 365 dias
- 365 x 24 = 8760 horas
- 8760 x 60 = 525600 minutos
- 525600 x 60 = 31536000 segundos

Dentre estes números, podemos optar por minutos ou segundos, para podermos ter um número mais fácil de compreender como resposta (mais palatável, como diriam alguns jornalistas). Vamos optar por minutos. Logo, temos de dividir 525600 por 20435.

Pronto! temos a nossa estatística. Podemos afirmar que, no Brasil, temos um homicídio a cada 25 minutos. Se quisermos, podemos arredondar e dizer que no Brasil temos um homicídio a cada 26 minutos ou, ainda, podemos ser mais precisos e dizer que no Brasil temos um homicídio a cada 25 minutos).

Problema 03. Um motorista realiza um percurso de 515Km em 8h, entretanto, ele faz duas paradas de 30 minutos dentro do seu roteiro. Qual é a velocidade média em relação ao tempo em que está dirigindo?

Resposta: Temos apenas de dividir a distância percorrida pelo tempo. Se fizermos isto nas unidades Km e hora, teremos o resultado em Km/h. O tempo a ser considerado é, portanto, 7h. Façamos então.

$$
\begin{array}{r|l}
5\,\overset{\prime}{5}\,\overset{\prime}{5} & 7 \\
-\underline{49} & \overline{73,57} \\
25 & \\
-\underline{21} & \\
40 & \\
-\underline{35} & \\
50 & \\
-\underline{49} & \\
4 &
\end{array}
$$

Portanto, a velocidade média do motorista em questão é de 73,57Km/h

Problema 04. Um vendedor tem sua meta anual de vendas no valor de 650.000,00. Para que se organize, deseja saber quanto tem de vender por dia para conseguir atingir esta meta. Vamos considerar a quantidade de dias úteis de um ano em 248.

Resposta: Neste caso, basta dividirmos 650000 por 248. Vamos lá?

O vendedor deve tomar por base uma venda média diária de 2.620,96.

Apresentamos a seguir alguns problemas propostos para fixação.

Exercícios

1. Segundo uma fonte do governo, no Brasil, cerca de 800 mil mulheres por ano recorrem ao aborto. Apresente a estatística de um aborto a cada x segundos.

*Resposta: 39,42s ou, aproximadamente, 40s (no Brasil, temos um aborto a cada 40 segundos).*

2. Um pai possui um grande terreno irregular e deseja dividi-lo entre seus 6 filhos de forma justa. A área total do terreno é de 7328m². Quanto deve ficar para cada filho.

*Resposta: 1221,33m²*

3. Um empregado solicitou ao seu chefe 5 dias de folga para fazer uma viagem muito importante. Assegurou que no mês seguinte compensaria todas as horas dos dias de folga. Considerando que sua jornada normal diária é de 8h e que o mês seguinte em questão terá 21 dias úteis, determine quantas horas extras ele terá de realizar por dia, durante o período de compensação.

*Resposta: 114,28 minutos ou 1h e 54,28min por dia.*

4. Em uma sala de aula de uma faculdade frequentam 47 alunos. Durante um trabalho de Estatística, um aluno resolveu levar uma balança para a sala e pesar todos os seus colegas (inclusive ele próprio). Se a soma dos pesos de todos é de 3162Kg. Qual a média do peso dos alunos desta sala?

*Resposta: 67,27Kg.*

5. Uma pesquisa indica que o consumo de carne do brasileiro por ano é de 42.120 gramas. Qual é então a média de consumo de carne em gramas por dia, considerando o ano de 365?

*Resposta: 115,39 g por dia.*

6. Marta paga mensalmente uma conta de telefone no valor de 43,5. Quanto este valor representa em termos de gasto diário considerando o mês de 30 dias?

*Resposta: 1,45*

7. Em 2021, no Brasil, houve 33.813 mortes por acidentes de trânsito. Crie uma estatística de número de mortes a cada x minutos.

*Respostas: 15,54 minutos, ou seja, uma morte no trânsito a cada 15 minutos no Brasil.*

8. O Brasil atingiu, em 2023, a marca de 249 milhões de aparelhos celulares. Considerando a população brasileira de 203,1 milhões, determine o número de celulares por pessoa no Brasil.

*Resposta: 1,22 celular por pessoa.*

9. A Bíblia tem 1189 capítulos. Uma pessoa que deseje ler toda a Bíblia em um ano de 365 dias, quantos capítulos deverá ler todo dia?

*Resposta: 3,25 é a resposta. Na prática, ela deve ler 3 capítulos por dia sendo que a cada 4 dias ela deverá ler um capítulo a mais, no caso, 4 capítulos.*

10. Uma pessoa com um vocabulário de Inglês de 4000 palavras é fluente. Marcos fez um levantamento e chegou à conclusão de que seu vocabulário atual é de 1.200 palavras. Para completar a meta de ser fluente em dois anos, considerando apenas os dias úteis, quantas novas palavras ele deve aprender por dia? Considere a quantidade de 248 dias úteis por ano.

*Resposta: 5,6 palavras por dia.*

11. Um vendedor de carros ganhou em comissões de venda em um determinado mês a quantia de R$6.429,00. Ele deseja saber quanto ganha por dia. Sabendo que o mês em questão tem 31 dias, qual o valor médio diário das comissões ganhas?

*Resposta: 207,38*

12. Os funcionários de uma empresa resolveram fazer uma campanha de ajuda aos animais. Eles resolveram doar para a associação de proteção local a quantia de R$1320,00. Eles decidiram também que todos contribuiriam com o mesmo valor. Como a quantidade dos empregados que iriam contribuir é de 28, quanto será a contribuição de cada um? Ah! E o presidente da empresa, num gesto de apoio, ainda disse que, além da sua contribuição normal, se responsabilizaria por contribuir com o eventual resto da divisão inteira! Qual seria, então, a contribuição do presidente?

*Resposta: 47 reais para cada e o presidente ficaria com 47 + 4 = 51.*

13. Uma empresa deseja dividir o lucro de R

$104.800,00 entre seus 97 empregados. Quanto irá caber a cada um?

*Resposta: 1.080,41*

14. Dona Carmem vende pudins de leite. Ela divide um pudim de 1250 gramas em 16 fatias. Qual a massa de cada fatia?

*Resposta: 78,12 g*

15. No Brasil, para analisar o consumo dos veículos, preferimos usar a unidade Km/L (quilômetros por litro). Há países, entretanto, que preferem a unidade inversa (L/Km). No caso do Brasil, se um veículo consegue fazer 16Km/L significa que ele consome um litro de combustível ao rodar 16Km. Se um outro veículo percorre 12Km/L, isto significa que ele anda menos com um litro de combustível em comparação com o primeiro veículo, logo, gasta mais combustível. Calcule como ficaria um veículo que faz 12Km/L se quiséssemos analisar na unidade L/Km. (dica: divida 1 por 12).

*Resposta: 0,083 L de gasolina a cada Km, ou seja, 83ml de gasolina são queimados para que o veículo rode 1 Km.*

*Se você chegou até aqui, muito obrigado! Por favor, se este material lhe serviu, avalie o livro. Isto irá nos ajudar bastante.*

*Desejamos-lhe excelentes resultados em seus próximos desafios envolvendo Matemática, especialmente quando você necessitar fazer uma divisão daquelas!*